高等职业教育
自动化类专业系列教材

过程控制系统

李忠明　主　编
郭　坤　副主编
林锦实　主　审

化学工业出版社

·北京·

内容简介

本书以工业生产过程自动化控制系统及设计为核心内容，采用项目任务式编写方式，进行知识与技能的阐述，并将思政元素融入课程之中。

全书分七个项目：过程控制系统基本认知，简单控制系统分析与设计，串级控制系统设计，均匀、比值、分程、选择、前馈控制系统设计，典型石油化工单元的控制方案设计，典型联锁保护系统设计与实现，控制系统工程设计。书中设置二维码，扫描即可进行拓展学习。

本书项目内容由浅入深，重点突出，对因设备条件所限而不能完成的任务，可以利用仿真软件进行学习。

本书可作为职业院校石油、化工等生产过程自动化相关专业的项目化教材，也可供企业的工程技术人员使用。

图书在版编目（CIP）数据

过程控制系统 / 李忠明主编；郭坤副主编 .—北京：化学工业出版社，2023.11
ISBN 978-7-122-44226-0

Ⅰ.①过… Ⅱ.①李… ②郭… Ⅲ.①过程控制-自动控制系统-高等职业教育-教材 Ⅳ.①TP273

中国国家版本馆 CIP 数据核字（2023）第 180579 号

责任编辑：葛瑞祎　刘　哲　　　　　　　　　　装帧设计：张　辉
责任校对：李雨晴

出版发行：化学工业出版社（北京市东城区青年湖南街 13 号　邮政编码 100011）
印　　装：河北鑫兆源印刷有限公司
787mm×1092mm　1/16　印张 11　字数 265 千字　2023 年 11 月北京第 1 版第 1 次印刷

购书咨询：010-64518888　　　　　　　　　　售后服务：010-64518899
网　　址：http://www.cip.com.cn
凡购买本书，如有缺损质量问题，本社销售中心负责调换。

定　　价：36.00 元　　　　　　　　　　　　　　　　　版权所有　违者必究

前言

过程控制是现代工业自动化的一个重要领域，它是利用自动控制学、仪器仪表学及计算机学科的理论服务于工程科学的，它与生产过程联系紧密。"过程控制系统"是生产过程自动化专业的一门主要的专业必修课，是一门理论与生产实际密切相关的技术性课程。通过本课程的学习，要求学生能够掌握生产过程控制系统的分析、设计和工程实施能力。

为适应工业发展的需要，本书根据职业教育的特点，结合职业院校生产过程自动化专业学生的培养目标，以过程控制系统为核心内容，以化工生产过程中应用较多的控制系统和控制方案为重点设计学习项目。对硬件设备不能满足的教学情境，可利用仿真软件进行学习。本书采用项目引领、任务驱动的编写方式，以职业能力为依据，以职业技能鉴定为参照，通过典型设备的控制进行知识和技能的培养，并根据项目不同的侧重点，将对应的思政元素和人文价值潜移默化地融入课程中，做到立德树人。

全书分七个项目，项目一介绍了控制系统的基本知识，项目二介绍了简单控制系统的控制方案，项目三介绍了串级控制系统的控制方案，项目四介绍了其他复杂控制系统的控制方案，项目五介绍了石油化工生产中典型设备的控制，项目六介绍了化工生产中安全保护系统，项目七简单介绍了工程设计的基本知识。各项目设置小结、思考与习题。

本书由辽宁石化职业技术学院李忠明任主编，河南化工技师学院郭坤任副主编，辽宁机电职业技术学院林锦实教授主审。具体编写分工如下：郭坤编写项目一、二，李忠明编写项目三、四、五，中国石油天然气股份有限公司锦州石化分公司崔勇刚编写项目六，中国石油天然气股份有限公司锦州石化分公司郭健编写项目七。全书由李忠明统稿。

由于编者水平有限且编写时间紧迫，书中难免存在不足之处，敬请各位读者批评指正。

编者

目录

项目一 过程控制系统基本认知 ········· 1

- 任务 1.1　了解过程控制系统的组成 ········· 1
- 任务 1.2　过程控制系统流程图的认知 ········· 8
- 项目小结 ········· 10
- 思考与习题 ········· 10

项目二 简单控制系统分析与设计 ········· 12

- 任务 2.1　了解简单控制系统的组成 ········· 12
- 任务 2.2　被控变量与操纵变量的选择 ········· 14
- 任务 2.3　控制阀的选择 ········· 19
- 任务 2.4　控制器的选择 ········· 27
- 任务 2.5　简单控制系统的投运和控制器参数整定 ········· 30
- 任务 2.6　简单控制系统运行中常见问题的解决 ········· 34
- 项目小结 ········· 35
- 思考与习题 ········· 36

项目三 串级控制系统设计 ········· 40

- 任务 3.1　了解串级控制系统的组成 ········· 40
- 任务 3.2　串级控制系统的设计 ········· 46
- 项目小结 ········· 53
- 思考与习题 ········· 53

项目四 均匀、比值、分程、选择、前馈控制系统设计 ········· 55

- 任务 4.1　均匀控制系统的设计 ········· 55
- 任务 4.2　比值控制系统的设计 ········· 59
- 任务 4.3　分程控制系统的设计 ········· 65
- 任务 4.4　选择控制系统的设计 ········· 69
- 任务 4.5　前馈控制系统的设计 ········· 75

项目小结 ··· 85
思考与习题 ·· 85

项目五　典型石油化工单元的控制方案设计 ·············· 89

任务 5.1　流体输送设备的控制方案设计 ·· 89
任务 5.2　传热设备的控制方案设计 ·· 95
任务 5.3　精馏塔的控制方案设计 ··· 98
任务 5.4　化学反应器的控制方案设计 ··· 105
项目小结 ··· 108
思考与习题 ·· 109

项目六　典型联锁保护系统设计与实现 ·················· 111

任务 6.1　石脑油分馏塔塔底重沸加热炉联锁保护系统设计 ···················· 112
任务 6.2　石脑油分馏塔塔底重沸加热炉联锁保护系统实现 ···················· 120
项目小结 ··· 124
思考与习题 ·· 124

项目七　控制系统工程设计 ······························· 125

任务 7.1　工程设计的基本构成 ·· 125
任务 7.2　认知化工自控中常用的图形符号及字母代号 ··························· 130
任务 7.3　控制方案及工艺控制流程图的设计 ······································· 137
任务 7.4　控制系统的设备选择 ·· 141
任务 7.5　仪表盘正面布置图和背面电气接线图的绘制 ·························· 144
任务 7.6　信号报警与联锁保护系统设计 ··· 148
项目小结 ··· 152
思考与习题 ·· 153

附录　综合练习题 ·· 154

参考文献 ··· 168

项目一

过程控制系统基本认知

自动控制系统的应用遍及各行各业，如无人驾驶汽车、无人机、神舟系列航天飞船等，科技进步为人类社会带来了翻天覆地的变化。本项目概括性地论述了过程控制系统的基本知识，主要介绍了自动控制系统的组成和分类，自动控制系统运行的基本要求，并以满足稳定性、快速性和准确性三方面要求的单项性能指标作为重点，详细描述了衡量过程控制系统控制质量的品质指标，分别介绍了用理论分析法和实验测试法求取控制过程数学模型的一般步骤及主要注意事项；重点讨论了常规控制器的基本控制规律及其对系统控制质量的影响。通过对过程控制系统基础知识的学习，使学生深刻体会到科技强国的力量，培养学生的爱国精神，建立专业自信。

项目目标

① 学习过程控制系统的组成。
② 掌握过程控制系统的分类方法。
③ 掌握过程控制系统的性能指标。
④ 明确自动控制系统的任务。

项目实施

任务 1.1　了解过程控制系统的组成

1.1.1　过程控制系统的组成

图 1-1 是一个锅炉汽包水位控制系统，其控制的目的是使锅炉汽包水位维持在 50% 的位置。

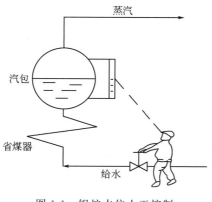 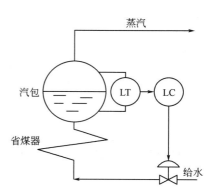

图 1-1　锅炉水位人工控制　　　　　图 1-2　锅炉水位自动控制

① 采用人工控制　假如某时刻进水量突然增加，导致水位升高，人用眼睛观察玻璃液面计发现水位变化后，通过神经系统将该信息传给大脑，经与脑中的"设定值"（50%）比较后，知道水位超高，故发出指令，用手开大阀门，加大出水量以使液位下降。在调整过程中，眼睛、大脑、手要反复地协调工作，直到液位重新下降到 50% 为止，从而实现了液位的人工控制。

② 采用自动控制　如果用液位变送器代替人眼将水槽液位检测出来，并转换成统一的标准信号传送给室内的控制器，控制器代替人脑将其与预先输入的设定值（50%）进行比较，得出偏差，并按预先确定的某种控制规律（比例、积分、微分或它们的某种组合）经过运算，输出统一标准信号给控制阀，控制阀代替人手改变开度，从而控制出水量。这样反复调整，直到水槽液位恢复到设定值为止，从而实现了水槽液位的自动控制，如图 1-2 所示。

显然，若用自动控制系统代替人来工作，就要设置相当于人体相应器官的仪表，故过程控制系统是由被控对象和控制装置两大部分，或由被控对象、测量变送器（LT）、控制器（LC）、控制阀四个基本环节组成。

1.1.2　过程控制系统的分类

过程控制系统有多种分类方法：可以按被控变量的物理性质，如温度、压力、流量、液位等分类；也可按控制器设定值对应时间变化规律来分类；还可按构成控制系统结构的复杂程度来分类等。

(1) 按控制系统结构分类

通常按照控制系统结构，将系统分为开环控制与闭环控制两类。

若通过某种装置将能反映输出量的信号引回到输入端，去影响控制信号，这种作用称为"反馈"。不设反馈环节的，称为开环控制系统；设有反馈环节的，则称为闭环控制系统。

① 开环控制　开环控制是指控制装置与被控对象之间只有顺向作用而没有反向联系的控制过程，是一种没有对被控变量进行测量和反馈的系统。其特点是系统的输出量不会对系统的控制作用发生影响，不具备自动修正的能力。例如，一般洗衣机就是一个开环控制系统，其浸湿、洗涤、漂清和脱水过程都是依设定的时间程序依次进行的，而无需对输出量（如衣服清洁程度、脱水程度等）进行测量。

开环控制系统又分两种：一种是按设定值进行控制，如蒸汽加热器，其蒸汽流量与设定值保持一定的函数关系，当设定值变化时，操纵变量随之变化；另一种是按扰动量进行控制，即所谓前馈控制，被控变量的变化没有反馈到控制器的输入端，没有用偏差来产生控制作用影响被控变量。开环控制系统的基本结构及方块图分别如图1-3和图1-4所示。

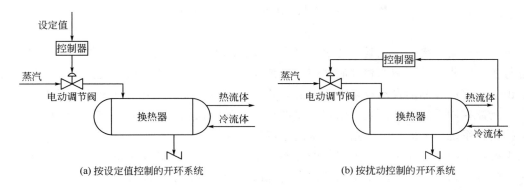

图1-3 开环控制系统基本结构

图1-4 开环控制系统方块图

开环系统的优点是无反馈环节，结构简单，系统稳定性好，成本也低。开环控制的缺点是当控制过程受到各种扰动因素影响时，将会直接影响输出量，而系统不能自动进行补偿。特别是当无法预计的扰动因素使输出量产生的偏差超过允许的限度时，开环控制系统便无法满足技术要求，这时就应考虑采用闭环控制系统。

② 闭环控制　闭环控制是将输出量直接或间接反馈到输入端形成闭环参与控制的控制方式，是一种输出信号对控制作用有直接影响的控制系统。若由于干扰的存在，使得系统实际输出偏离期望输出，系统自身会利用负反馈产生的偏差所取得的控制作用去消除偏差，使系统输出量恢复到期望值上，这就是反馈工作原理。可见，闭环控制具有较强的抗干扰能力。图1-2的锅炉

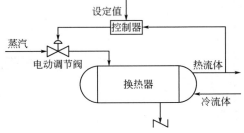

图1-5 换热器热流体出口温度控制系统

汽包水位控制系统和图1-5的换热器热流体出口温度控制系统都是闭环控制系统。

图1-5所示换热器热流体出口温度控制系统的控制原理是：通过测温元件检测出换热器热流体出口的温度，控制器将设定值与温度变送器送来的实际测量到的温度信号进行比较，根据设定值与测量值偏差的大小输出控制信号，以改变控制阀的开度，增大或减少送入换热器蒸汽的流量，使热流体的温度达到设定值的要求。换热器热流体出口温度控制系统方块图如图1-6所示。

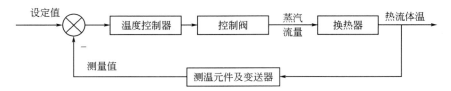

图 1-6　换热器热流体出口温度控制系统方块图

负反馈控制系统的优点是：通过检测变送装置能不断对控制结果——被控变量的变化情况进行实时监测，并不断调整控制作用，使被控变量达到设定值要求，提高了系统的控制精度；由于负反馈控制的自动补偿作用，能有效地抑制和克服系统外部或内部的干扰作用。

负反馈控制系统的缺点是：闭环控制增加了检测、反馈比较环节，使系统的结构复杂，成本提高；系统反复的调节作用使系统的稳定性变差。

需要指出的是，在工程上大多数的控制系统属于闭环负反馈控制系统，它是最基本又是最重要的控制系统，一些较复杂的控制系统也以它为基础，加以改进和完善。

(2) 按设定值对应时间变化规律分类

除了按结构对控制系统分类外，通常还按设定值对应时间变化规律分类为定值控制系统、程序控制系统和随动控制系统。

① 定值控制系统　定值控制系统的设定值是恒定不变的。例如水槽液位控制系统中，要求液位按给定值保持不变，因而是一个定值控制系统。定值控制系统的基本任务是克服扰动对被控变量的影响，即在扰动作用下仍能使被控变量保持在给定值上或在允许范围内。

② 程序控制系统　程序控制系统的设定值是时间的函数，即设定值按一定的时间顺序变化。例如在金属材料热处理中，加热过程都要按照一定的热工制度进行——对升温速度、保温时间和降温速度均有严格的要求。这时，温度设定值就是时间的函数，而操纵变量也按要求随时间变化。金属热处理的程序控制系统如图 1-7 所示。

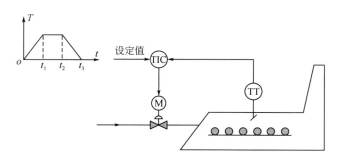

图 1-7　金属热处理的程序控制系统

③ 随动控制系统　随动控制系统的设定值是一个未知的变化量。控制系统的主要任务是使被控变量能够尽快地、准确无误地跟踪设定值的变化，而不考虑扰动对被控变量的影响。如在燃烧控制中，为保证燃烧效率，燃料量与空气量之间应保持合理的配比 K——空气设定值要按燃料值而确定。由于燃料的供给是根据炉温来调节的，是一个变化量，因此空气给定值就要及时地跟踪燃料量的变化。空燃比的随动控制系统如图 1-8 所示。

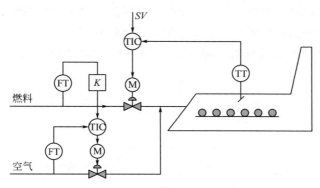

图 1-8 空燃比的随动控制系统

1.1.3 对过程控制系统的性能评价

(1) 系统的稳态与动态

在自动控制系统中,被控变量不随时间变化的平衡状态称为系统的稳态,也称静态;被控变量随时间变化的不平衡状态称为系统的动态。

当一个自动控制系统的输入(设定值与干扰)和输出均恒定不变时,整个系统就处于一种相对平衡状态,系统的各个组成环节如变送器、控制器、控制阀都不改变其原先的状态,它们的输出信号都处于相对静止状态,即信号的变化率为零,这种状态就是上面所述的稳态。只有当进入被控对象的物料量或能量等于流出被控对象的物料量或能量时,才有可能建立系统的稳态。例如图 1-5 所示的温度控制系统,只有当进入热交换器的热量等于从热交换器带走的热量时,物料出口温度才能恒定,系统才处于稳态。图 1-2 所示的液位控制系统,只有当流入给水的流量等于蒸发量时,液位才能恒定,此时系统就达到了稳态。

当系统受到干扰作用,平衡被破坏,使被控变量发生变化,经过控制,克服干扰作用的影响,当流入物料量或能量和流出物料量或能量又重新达到平衡时,系统又重新进入稳态。在这一段时间内系统的各个环节和输出信号都处于变动状态之中,这种状态就是动态。稳态是暂时的、相对的、有条件的,而动态才是普遍的、绝对的、无条件的。干扰作用会不断地产生,控制作用就要不断地克服干扰的影响。自动控制系统总是一直处于运动过程之中,故研究自动控制系统,重点是研究系统的动态,即研究干扰作用与控制作用这一对矛盾相互作用而产生的被控变量的变化过程。

(2) 自动控制系统的过渡过程

自动控制系统在动态中,被控变量随时间变化的过程,称为自动控制系统的过渡过程或控制过程,也就是系统从一个平衡状态过渡到另一平衡状态的过程,如图 1-9 所示。图中,被控变量 y 随时间 t 变化的曲线称为过渡过程曲线,也叫作调节过程曲线。对于一个自动控

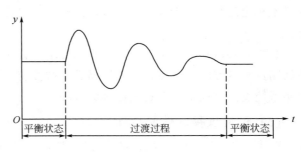

图 1-9 过渡过程示意图

制系统，不管在设计或运行阶段，衡量系统控制质量的依据主要是系统的过渡过程。评价控制的好坏，通常是在相同的阶跃输入信号作用下，比较它们的输出信号（被控变量）的变化过程。一般来说，自动控制系统在阶跃干扰作用下的过渡过程有图 1-10 所示的几种基本形式。

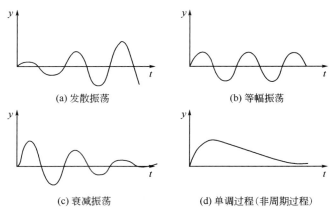

图 1-10　自动控制系统过渡过程曲线

① 稳定的过渡过程　自动控制系统受到一次干扰后，经过控制能够达到新的平衡状态，即被控变量能够达到新的稳定数值，那么这就叫作稳定的控制过程。稳定的控制过程又分为衰减振荡和非周期过程两种，如图 1-10（c）和（d）所示。前者表明系统受到干扰后，平衡被破坏，经过控制，被控变量经历二三次波动后衰减而趋于稳定；后者表明被控变量没有经过什么波动就平稳但缓慢地回到了稳态值，或在允许范围内。由于非周期控制过程变化缓慢，过渡时间长，且被控变量在动态中变化幅度大，不能满足生产上的需要，故一般不予采用。在大多数情况下，要求采用衰减振荡的过渡过程。

② 不稳定的过渡过程　自动控制系统受干扰后，如被控变量的变化是发散振荡或等幅振荡的形式，就叫作不稳定的过渡过程，如图 1-10（a）、（b）所示。

图 1-10（a）所示的过程是被控变量随时间的增长而无限增加，到某一时刻，被控变量的数值就可能超出生产允许的极限值而发生事故。故发散振荡的过程是非常危险而不能采用的。

图 1-10（b）所示的是一个等幅振荡过程。这种过程处于稳定与不稳定之间，一般也认为是不稳定过程。由于被控变量长期振荡不息也是不允许的，所以等幅振荡也是不能采用的过程。

总之，对自动控制系统过渡过程的要求，首先是稳定，其次应是一个衰减振荡过程。衰减振荡过程过渡时间较短，而且容易看出被控变量变化的趋势。在大多数情况下，要求自动控制系统过渡过程是一个衰减振荡的过程。

(3) 过渡过程的性能指标

图 1-11 所示为定值控制系统和随动控制系统在阶跃信号（扰动信号与给定值变化）作用下的变化曲线。控制系统的稳定性、准确性和快速性，通常可用如下指标来衡量。

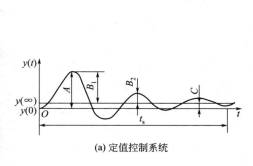
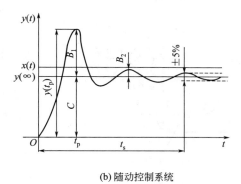

(a) 定值控制系统　　　　　　　(b) 随动控制系统

图 1-11　系统过渡过程的性能指标

① 余差 C　指系统过渡过程终了时设定值与被控变量稳态值之差。它是一个准确的重要静态指标，一般要求余差不超过预定值或接近零。对于定值系统：$C=0-y(\infty)$；对于随动系统：$C=x(t)-y(0)$。

② 衰减比 n 或衰减率 ψ　衰减比是指振荡过程的第一个波的振幅与第二个波的振幅之比，即 $n=B_1/B_2$，是衡量系统过渡过程稳定性的一个动态指标。在工程实践中，应根据生产过程的特点来确定其合适的数值。为了保持系统的稳定程度，一般取衰减率 ψ 为 0.75～0.9（n 取 4∶1～10∶1）。

$$\psi=\frac{B_1-B_2}{B_1}=1-\frac{B_2}{B_1}$$

③ 最大偏差 A（或超调量 σ）　对于定值系统，最大偏差指被控变量第一个波的峰值与给定值的差，即 $A=B_1+C$；对于随动系统，采用超调量 σ，即

$$\sigma=\frac{y(t_p)-y(\infty)}{y(\infty)}\times 100\%$$

最大偏差（或超调量）是表示被控变量偏离给定值的程度。

④ 过渡时间　指系统从受扰动作用时起，到被控变量进入新的稳定值 ±5% 的范围内所经历的时间。它是衡量系统快速性的指标，要求时间越短越好。

上述有的性能指标之间是相互矛盾的。对于不同的控制系统，这些性能指标各有其重要性，要高标准地同时满足所有指标是很困难的。因此，应根据生产工艺的具体要求，分清主次，统筹兼顾。

以上单项指标固然清晰明了，然而如何统筹考虑比较困难。有时人们希望用一个综合性的指标来全面反映控制过程的品质。常用的综合性能指标是偏差积分性能指标，它是过渡过程中偏差 e 和时间 t 的某些函数沿时间轴的积分，可表示为

$$J=\int_0^\infty f(e,t)\mathrm{d}t$$

可见，无论是偏差幅度还是偏差存在的时间，都与指标有关，可以兼顾衰减比、超调量、调节时间各方面因素，因此它是一个综合指标。一般说来，过渡过程中的动态偏差越大，或是调节得越慢，则目标函数值将越大，表明控制品质越差。采用偏差积分性能指标可以进行控制器参数整定和系统优化。

（4）影响过渡过程品质的因素

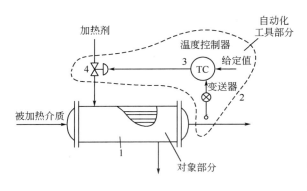

图 1-12　温度控制系统
1—热交换器；2—变送器；3—温度调节器；4—控制阀

一个自动控制系统可以概括成由两大部分组成，即被控对象和自动化技术工具。以图 1-12 所示的温度控制系统为例，系统中热交换器是被控对象，自动化技术工具包括为实现自动控制所必需的测量元件和变送器、控制器、控制阀。系统的控制质量与组成系统的每一部分的特性都有关系。其中属于对象性质的因素主要有换热器的负荷大小，换热器的结构、尺寸、材质以及换热器在运行中是否有结垢等。

当换热器的结构尺寸很大时，换热过程必然十分缓慢，控制过程不可能很迅速，控制质量就要差一些。自动化技术工具应按对象性质加以选择和调整，两者要很好地配合。自动化技术工具选择或调整不当，也会直接影响控制质量。此外，在控制系统运行过程中，自动化技术工具的性能如发生变化，例如控制阀动作不灵、测量失真等，也会影响控制质量。总之，影响自动控制系统控制质量的因素是多方面的，在系统设计和运行过程中都应给予充分注意。

任务 1.2　过程控制系统流程图的认知

带控制点的工艺流程图，是指在工艺物料流程图的基础上，用过程检测和控制系统的设计符号描述生产过程控制内容的图纸，简称控制流程图。

1.2.1　控制系统流程图的规范表示（项目七中有详细介绍）

工程设计符号通常包括字母代号、图形符号和数字编号等。将表示某种功能的字母及数字组合成的仪表位号置于图形符号之中，就表示出了一块仪表的位号、种类及功能。图例符号采用 GB/T 2625—1981 相应标准，适合于化工、石油、冶金、电力、轻工、建材和其他工业的控制流程图之用。

为了表示控制流程图，一般用小圆圈表示某些自动化装置。圈内写有两位（或三位）字母，第一位字母表示被测变量，后继字母表示仪表的功能。常用被测变量和仪表功能的字母代号见表 1-1。

如：TdRC 是"温差记录控制系统"的代号。

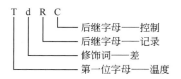

表 1-1 常用被测变量和仪表功能的字母代号

字母	第一位字母	第二位字母	后继字母
	被测变量	修饰词	功能
A	分析		报警
C	电导率		控制（调节）
D	密度	差	
E	电压		检测元件
F	流量	比（或分数）	
I	电流		批示
K	时间或时间程序		自动-手动操作器
L	物位		
M	水分或湿度		
P	压力或真空		
Q	数量或件数	积分、累算	积分、累积
R	放射性		记录或打印
S	速度或频率	安全	开关、联锁
T	温度		传送
V	黏度		阀、挡板、百叶窗
W	力		套管
Y	供选用		继动器或计算器
Z	位置		驱动、执行或未分类的终端执行机构

1.2.2 仪表位号及编号

构成一个回路的每台仪表（或元件）都应有自己的位号。仪表位号由字母代号组合和阿拉伯数字编号组成。其中字母代号组合写在圆圈的上半部；数字编号写在圆圈的下半部，一般是由三位或四位数字组成，其中第一位表示工段号，后续数字表示仪表的序号。如图 1-13 中 PRC-105，表示 1 工段 05 号压力记录控制系统。

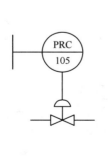
图 1-13 压力记录控制系统

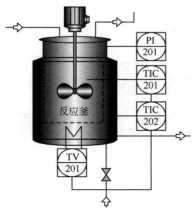
图 1-14 反应釜温度串级控制系统

计算机控制中的集散型控制系统（Distributed Control System，DCS）的控制流程图，图中中间带横线的圆圈外用方框框上，表示正常情况下操作员可以监控，如图 1-14 中 PI201、TIC201、TIC202 等。若中间没有横线，则表示正常情况下操作员不能监控。

项目小结

① 过程控制系统是指在无人直接参与的情况下，利用控制装置对生产过程、工艺参数、目标要求等进行自动调节和控制，使其按照预定的方案达到要求的指标。

② 过程控制系统是由被控对象（被实施控制作用的设备或装置）和控制装置（测量变送器、控制器、控制阀）组成的。

③ 开环控制是指控制装置与被控对象之间只有顺向作用而没有反向联系的控制过程，是一种没有对被控变量进行测量和反馈的控制系统。闭环控制是将输出量直接或间接反馈到输入端形成闭环、参与控制的控制方式，是一种输出信号对控制作用有直接影响的控制系统。

④ 对过程控制系统的 3 个基本要求，即稳定性、快速性、准确性。

⑤ 控制系统流程图的规范表示。

思考与习题

1-1 一个典型的过程控制系统由哪些环节组成？它们在系统中各起着什么作用？

1-2 指出下列系统中哪些属于开环控制？哪些属于闭环控制？
① 家用电冰箱　　② 家用空调　　③ 抽水马桶
④ 全自动洗衣机　⑤ 电饭煲　　　⑥ 多速电风扇

1-3 什么是控制系统的过渡过程？研究过渡过程有什么意义？

1-4 根据控制系统原理图（图 1-15）画出控制系统方块图。

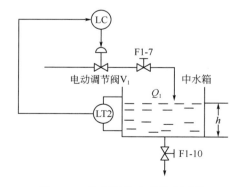

图 1-15　单容液位定值控制系统

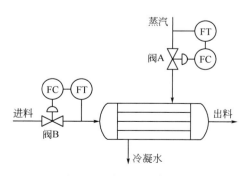

图 1-16　换热器控制系统

1-5 图1-16所示是换热器控制系统,工艺要求出口温度保持恒定。经分析在蒸汽流量基本恒定的前提下,保持物料入口流量基本不变,则温度的波动将会减小到工艺允许的误差范围之内。现设计了物料入口流量控制系统,以保持出口物料温度的恒定。

① 请画出对出口物料温度的控制系统方块图;
② 指出该系统是开环控制系统还是闭环控制系统,并说明理由。

1-6 图1-17所示为脱乙烷塔控制系统流程,指出有哪些控制方案?说明各符号含义。

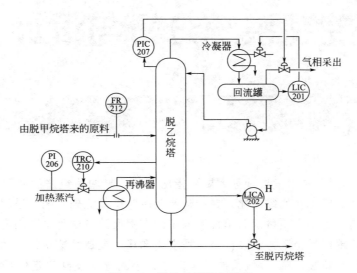

图1-17 脱乙烷塔控制系统

项目1 参考答案

项目二

简单控制系统分析与设计

《国家中长期科学和技术发展规划纲要》指出制造业是国民经济的主要支柱，并将之列为重点领域，而"流程工业的绿色化、自动化及装备"是其优先主题，过程控制在流程工业领域得到了广泛的应用。本项目以简单控制系统的方案设计方法为主要内容，根据简单控制系统的结构特点，重点讨论了方案设计中被控变量和操纵变量的选择，气动薄膜控制阀的结构形式、材质、流量特性、气开/气关形式、口径大小的选择及阀门定位器的正确使用，检测元件和变送器的选取及克服测量、传送滞后的方法，控制器的控制规律及正/反作用方式的选择；简单介绍了简单控制系统的投运步骤及常用的控制器参数整定方法（经验凑试法、临界比例度法和衰减曲线法）；最后讨论了简单控制系统的一般故障原因及处理方法。通过对简单控制系统的分析与设计，培养学生的大局观，激发学生的时代责任感。

项目目标

① 掌握简单控制系统的组成和原理。
② 掌握简单控制系统的设计方法。
③ 掌握简单控制系统的投运及控制器的参数整定方法。
④ 学习自动控制系统的常见相关联问题及处理方法。

项目实施

任务 2.1 了解简单控制系统的组成

简单控制系统是指由一个被控对象、一个测量变送器、一个控制器和一个执行器（控制阀）

所组成的闭环控制系统,因此也称为单回路控制系统。

图 2-1 所示的水槽水位控制系统是一个典型的单回路控制系统。在该系统中,水槽是被控对象,液位是被控变量,液位变送器将测量液位高度的信号送到液位控制器,控制器的输出信号送给执行器,控制阀门的开度,改变水槽的出水量,从而控制水槽的水位在工艺规定的数值上。图 2-2 所示的是简单控制系统的组成框图。从系统的方块图中可知,简单控制系统

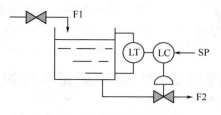

图 2-1 简单液位控制系统

是由四个基本环节组成,即由被控对象(水槽)、液位变送器、液位控制器和执行器(控制阀)组成。简单控制系统只有一个闭环回路。

2.1.1 简单控制系统的组成框图

图 2-2 所示为简单控制系统的组成框图。

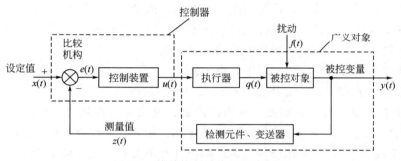

图 2-2 简单控制系统的组成框图

2.1.2 自控系统常用术语

① 被控对象 自动控制系统中,工艺参数需要控制的生产过程、设备或机器(如汽包)。

② 被控变量 被控过程内要求保持设定值的工艺参数(如汽包液位)。

③ 操纵变量 受控制器操纵的用以克服干扰的影响,使被控变量保持设定值的物理量(如水的流量)。

④ 扰动 除操纵变量外,作用于被控对象并引起被控变量变化的各种外来因素(如给水压力变化而引起水位波动就是一种扰动)。

⑤ 设定值 工艺参数所要求保持的数值。

⑥ 偏差 被控变量的设定值与测量值之差。

⑦ 检测元件和变送器 其作用是把被控变量转化为测量值。

⑧ 比较机构 其作用是将设定值与测量值比较并产生偏差。

⑨ 控制器 其作用是根据偏差的正负、大小及变化情况,按预定的控制规律实施控制作用。比较机构和控制器通常组合在一起,可以是气动控制器、电动控制器、可编程序调节器、集散型控制系统(DCS)等。控制器有正、反作用之分,其设定值有内设定和外设定两种。

⑩ 执行器　也叫控制阀。作用是接收控制器送来的信号，相应地去改变操纵变量。最常用的执行器是气动薄膜控制阀，它有气开、气关两种方式。

气动薄膜调节阀
（控制阀）

任务 2.2　被控变量与操纵变量的选择

在自动控制系统的组成方块图中最重要的是确定被控对象，被控对象是最重要的工艺生产设备。确定被控对象也就是选择对象的输入信号（操纵变量）与对象的输出信号（被控变量），一旦操纵变量与被控变量确定，控制通道中对象的特性也就确定了。

2.2.1　被控变量的选择

在生产中，影响工艺生产过程的工艺变量很多，但并非所有的变量都要加以控制，而且也不可能都加以控制。因此，必须深入了解工艺机理，找出对产品质量、产量、安全、节能等方面起着决定作用，而且可以检测到的工艺变量，或者人工难以操作以及人工操作非常频繁的工艺变量作为被控变量。若被控变量选择不当，则无论组成什么样的控制系统，选用多么先进的仪器仪表，均不能达到预期的控制效果。

在确定被控变量时主要应注意以下几个方面。

a. 尽量选择能直接反映产品质量指标的变量作为被控变量。

b. 如果工艺变量本身（如温度、压力、流量、液位等）就是要求控制的指标，称为直接指标。被控变量选择时应尽量选择直接控制指标。如果直接控制指标无法在线直接检测到（如成分、反应程度等），则应选择与直接控制指标有单值对应关系且反应又快的间接指标为被控变量。

例如在变换炉进行的合成氨控制中，合成氨的化学反应为

$$N_2 + 3H_2 \rightleftharpoons 2NH_3 + Q$$

这是一个可逆化学反应，在反应达到平衡时，只有一部分的氢氮转化为氨，因而这个反应主要由平衡条件控制，在一定操作条件下，可使反应达到最高的转化率。转化率不能直接测量，但它和工作温度之间有一定的对应关系，所以可采用变换炉的温度作为间接指标来控制合成氨的合成率。

c. 被控变量一般应该是独立可调的，不应因调整它而引起其他变量的明显变化，以致发生关联作用而影响整个生产过程的稳定。

d. 被控变量应是易于检测且灵敏度足够大的变量。同时必须考虑自动化仪表及装置的生产现状。

2.2.2　操纵变量的选择

干扰是影响控制系统平稳运行的破坏因素，操纵变量则是克服干扰的影响，使控制系统能正常地运行。所以只要合理地确定操纵变量，正确地选择控制通道，组成一个可控性良好的控制系统后，就能有效地克服干扰的影响，使被控变量恢复到设定值上。

操纵变量的选择，首先要考虑工艺上的合理性，操纵变量必须是工艺上允许调节的变

量,尽量避免用主物料流量作为操纵变量;不宜选择代表生产负荷的变量作为操纵变量,以免产量受到波动;同时操纵变量的选择应从静态和动态两方面进行考虑,即控制通道克服干扰的能力要强,其动态响应要比干扰通道的动态响应快。

(1) 对象静态特性对控制质量的影响

对象静态特性可以用控制通道和干扰通道的放大倍数表示。设控制通道放大倍数为 K_0,干扰通道放大倍数为 K_f,在选择操纵变量构成自动控制系统时,一般希望 K_0 要大些,这是因为 K_0 的大小表征了操纵变量对被控变量的影响程度。K_0 大,表明操纵变量对被控变量的影响显著,控制作用强,这是所希望的。K_0 过大,控制过于灵敏,超出控制器比例度所能补偿的范围时,会使控制系统不稳定。另一方面扰动通道放大倍数 K_f 则越小越好,K_f 小表示扰动对被控变量的影响小,系统的可控性好。

图 2-3 所示的是一氧化碳变换工段流程图。变换炉的作用,是在触媒条件下使一氧化碳和水蒸气发生作用,生成氢气和二氧化碳,同时放出一定热量。在生产中常选变换炉一段反应温度为被控变量,间接地控制变换率和其他指标。

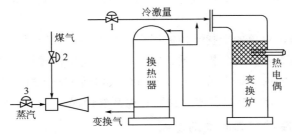

图 2-3 变换炉反应温度控制系统

影响变换炉一段反应温度的因素有煤气流量、煤气压力、煤气入口温度、煤气成分、蒸汽流量和压力、冷激流量、触媒活性等。其中,在以上这些因素中触媒活性是不可控的因素,不能任意改变。煤气成分的波动,将引起反应温度的显著变化,因而也是一种不可控因素。煤气温度的变化不大,即热水饱和塔操作平稳。蒸汽压力在变换工段之前已进行了定值控制。排除了以上这些因素后,可供选择的操纵变量仅有冷激量、煤气量和蒸汽量。

各通道的放大系数如下:

冷激量对反应温度通道的绝对放大系数与相对放大系数分别如下

$$K_1' = \frac{温度变化量}{冷激量变化量} = \frac{10}{100} = 0.1 [℃/(m^3 \cdot h^{-1})]$$

$$K_1 = \frac{温度变化的百分数}{冷激量变化的百分数} = \frac{10/500}{100/4000} = 0.8 \quad (2-1)$$

煤气量对反应温度通道的绝对放大系数与相对放大系数分别如下

$$K_2' = \frac{温度变化量}{煤气量变化量} = \frac{2.5}{100} = 0.025 [℃/(m^3 \cdot h^{-1})]$$

$$K_2 = \frac{温度变化的百分数}{煤气量变化的百分数} = \frac{2.5/500}{100/6250} = 0.31 \quad (2-2)$$

蒸汽量对反应温度通道的绝对放大系数与相对放大系数分别如下

$$K_3' = \frac{温度变化量}{蒸汽变化量} = \frac{14.5}{1} = 14.5[℃/(t \cdot h^{-1})]$$

$$K_3 = \frac{温度变化的百分数}{蒸汽量变化的百分数} = \frac{14.5/500}{1/16.5} = 0.48 \qquad (2-3)$$

通过以上3个放大系数的计算，比较如下3个控制方案。

① 控制进入变换炉的冷激量　图2-3中1表示操纵变量为冷激量时的控制系统，可得到较大的控制通道放大系数K_1，并具有很强的抗干扰能力。但工艺安排这条管线为开、停车用的，用冷激量作为操纵变量往往使温度变化太猛，降温也快，影响变换反应，导致生产很难控制。故选择冷激量为操纵变量不合理。

② 控制进入变换炉的煤气量　图2-3中2表示操纵变量为煤气量的控制系统。如用煤气量作操纵变量，则控制通道的放大系数K_2小，当干扰为蒸汽量时，会使干扰通道的放大系数K_f大，这样将导致余差、超调量均大，不利于控制。

③ 控制进入变换炉的蒸汽量　图2-3中的3表示操纵变量为蒸汽量时的控制系统。以此参数为操纵变量，若煤气量的变化为主要干扰，无论何种情况，干扰煤气量的变化对于反应温度的静态影响小，但操纵变量对反应温度的静态影响大。故此操纵变量能有效地克服干扰对被控变量的影响。

从以上的分析可知，对象的干扰、控制通道的静态特性对控制质量均有很大的影响，对操纵变量的选择也是较为重要的分析依据。在选择操纵变量构成控制系统时，从静态角度考虑，在满足工艺合理性的前提下，希望控制通道放大倍数K_0适当大些，扰动通道的放大倍数K_f越小越好，这样才会使控制通道更灵敏，控制质量提高。

(2) 对象动态特性对控制质量的影响

对象的动态特性可以用时间常数T和纯滞后时间τ表示。

① 控制通道时间常数T_0、纯滞后时间τ_0对控制质量的影响　控制通道时间常数T_0太大，过程反应速度慢，控制作用对被控变量的动态响应慢，易引起较长的过渡时间。时间常数T_0小，系统反应灵敏，控制及时，有利于克服扰动的影响，但时间常数过小（当与控制阀和测量变送器时间常数相近时），容易引起过渡过程的振荡，降低系统稳定性。所以要求控制通道的时间常数大小要适当。

在控制通道中往往存在纯滞后τ_0。由于τ_0的存在，使操纵变量对被控变量的作用推迟了这段时间。τ_0越大，控制作用越迟缓，不能及时校正干扰，使被控变量超调量增大，控制质量恶化。所以在选择操纵变量构成控制系统时，要尽量减小控制通道的纯滞后。

② 扰动通道时间常数T_f、纯滞后时间τ_f对控制质量的影响　控制系统在阶跃扰动的作用下，扰动通道的T_f越大，干扰对被控变量的影响越慢。从图2-4所示的响应曲线中可以看出，T_f不同，$T_{f1} > T_{f2}$，曲线$y_1(t)$的变化缓慢，干扰对被控变量的影响就缓慢。因而可以认为干扰通道时间常数T_f越大，对被控变量的影响就越不灵敏，越有利于控制质量。

关于扰动通道的纯滞后τ_f对控制质量的影响，从图2-5中的过渡过程曲线可知，扰动通道有无纯滞后，并不影响控制质量，只是使控制过程沿着时间轴平移了τ_f的距离。

当干扰进入系统的位置不同时，干扰对控制质量的影响也不同，干扰进入位置离控制阀越远，即越靠近测量元件，则超调量越大，过渡时间越长，控制质量越差。当干扰从测量元件处进入系统时，将会失调，控制系统无法克服干扰的作用。

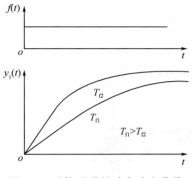
图 2-4 干扰通道的动态响应曲线

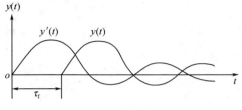
图 2-5 有、无纯滞后的过渡过程

分析得出按动态特性选择操纵变量的原则为：扰动通道的时间常数越大越好；控制通道的时间常数适当小些为宜，但不宜过小，而纯滞后则越小越好；应使干扰作用点靠近控制阀而远离测量元件。

(3) 测量滞后对控制质量的影响

测量变送器的作用是把工艺变量的值检测出来，并转换成统一电（或气）信号，如风压 0.02～0.1MPa，电流 4～20mA 等。

关于测量变送器可以做一个线性处理，一般可表示为一阶加纯滞后特性，即

$$G_m(s) = K_m \frac{e^{-\tau_m}}{T_m s + 1} \tag{2-4}$$

式中，K_m、T_m 及 τ_m 分别是测量变送器的放大系数、时间常数和纯滞后时间。

对测量变送器的基本要求是能够可靠、正确和迅速地完成被控变量的测量与转换，减小测量误差。

① 测量滞后对控制质量的影响　测量变送器的测量滞后包括测量变送环节的容量滞后 T_m 和信号测量过程中的纯滞后 τ_m，会引起测量的动态误差，使控制质量恶化。

a. 纯滞后 τ_m。当测量过程存在纯滞后时，也和对象控制通道存在纯滞后一样，将会使被控变量的变化不能及时通知控制器，使得控制器仍然依据历史信息发出控制信号，指挥控制系统的工作，从而造成控制质量下降。在石油化工生产中，最容易引入纯滞后的是温度和物性参数的测量。

图 2-6 所示的是一个 pH 值控制系统。pH 值的测量采用工业酸度计，它由安装在现场的 pH 电极和变送器共同组成。由于电极不能放置于流速不稳的主管道上，因此 pH 值的测量将引入两项纯滞后：

$$\tau_1 = \frac{L_1}{v_1}$$

$$\tau_2 = \frac{L_2}{v_2}$$

式中　L_1、L_2——主管道、支管道的长度；
v_1、v_2——主管道、支管道内流体的流速。

由于支管道的距离较长，且管径较细，其流速较小，从而使 τ_2 较大。因此，在测量过

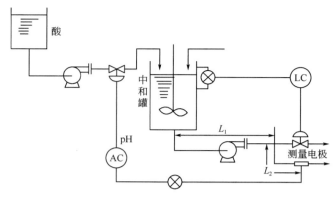

图 2-6　pH 值控制系统

程中由于测量元件安装位置所引入的纯滞后为：

$$\tau_m = \tau_1 + \tau_2$$

由测量元件安装位置所引入的纯滞后，是难以避免的，但应在设计、安装时力求缩小。在开表或投运后发现安装位置不对而出现纯滞后时，应立即改变测量元件的安装位置，消除和缩短纯滞后时间，提高控制质量。

除了测量位置引入的纯滞后外，有时仪表本身也会引入纯滞后，如成分测定仪等。这就是目前不少在线分析仪表难以投入闭环运行的原因之一。

微分作用是不能克服纯滞后的。为了消除纯滞后的影响，只有合理选择测量元件及其安装位置，尽量减小纯滞后。当过程参数测量引起的纯滞后较大时，单回路控制系统很难满足生产工艺要求，这时，就需通过设计其他的控制方案来解决。

b. 测量滞后 T_m。测量变送器的容量滞后 T_m 是由于测量元件及变送器本身具有一定的时间常数所致，一般称之为测量滞后。

在各种检测元件中，测温元件的测量滞后往往是比较显著的，不论是温包、热电阻或热电偶都存在一定的测量滞后。如将一个时间常数大的测量元件用于控制系统，那么当被控变量变化的时候，由于测量值不等于被控变量的真实值，所以控制器接收到的是一个失真信号，它不能发挥正确的校正作用，控制质量无法达到要求。因此，控制系统中的测量元件时间常数不能太大，最好选用惰性小的快速测量元件。必要时也可以在测量元件之后引入微分作用，利用它的超前作用来补偿测量元件引起的动态误差。

② 克服测量滞后的方法

a. 选择快速的测量元件。克服测量滞后的根本办法就是合理选择快速的测量元件。所谓合理，不能单纯追求测量滞后要小，而同时要考虑测量精度、自动化的投资和测量元件的供应情况，大体上选择测量元件的时间常数为控制通道的时间常数的 1/10 以下为宜。

b. 正确选择安装位置。在自动控制系统中，以温度控制系统的测温元件和质量控制系统的采样装置所引起的测量滞后为最大，它与元件外围物料的流动状态、流体的性质和停滞层厚度有关，如果把测量元件安装在死角、容易挂料、结焦的地方，将大大增加测量滞后。因此，设计控制系统时，要合理选择测量元件的安装位置，应千方百计安装在对被控变量的变化反应较灵敏的位置。因此，在合理选择测温元件的基础上，要进一步选择安装位置，不仅可以减少测量滞后，还可以缩短纯滞后，对于改善控制系统的质量是十分重要的。

c. 正确使用微分单元。对于测量滞后大的系统，引入微分作用也是有效的办法。微分作用相当于在偏差产生的初期，控制器的输出使执行机构产生一个多于应调的位移，出现暂时的过调，然后在比例或者比例积分控制规律作用下进行进一步的控制，而最终使执行机构慢慢地恢复到平衡位置。用微分作用来克服测量滞后或者对象控制通道的滞后，会大大改善控制质量。还需要指出一点，微分对于克服纯滞后是无能为力的，因为在纯滞后时间内，参数变化速度等于零，因而微分输出也等于零，微分不起超前控制作用。

③ 测量信号的处理　对于被控变量，除了用传感器转换成与之对应的信号，以及通过变送器进行放大并转化成标准信号外，有时还需要线性化、开方、补偿、滤波等其他的处理，以保证控制的质量。

a. 线性化。为保证控制的质量，常常希望控制系统广义对象的放大系数是一个常数。但有些测量元件的输入与输出函数关系是非线性的，如热电偶输出的热电动势与温度的关系。因此，需要在变送器中加入线性化环节，使控制器的测量值与被测温度呈线性关系。

b. 开方处理。在流量控制系统中，如果采用节流装置作为测量元件，则输出的差压信号与被测流量呈二次方关系。要使控制器的测量值与被测流呈线性关系，就要在差压变送器之后加入开方环节。

c. 补偿处理。在流量控制系统中，如果被测流量是气体或蒸汽，则节流装置输出的差压信号的大小还与流体的温度和压力有关。为保证测量准确，需要将温度和压力信号引入补偿环节，进行复合运算，使控制器的测量值不会受到其他参数变化的影响。

d. 滤波。在测量变送环节的输出信号中会有一些随机干扰，被称为噪声。例如，有些容器的液面本身波动得很剧烈，使得变送器的输出也波动不息；用节流装置测量流量时，控制器的测量值也是波动的。这些噪声如果引入控制器，会对控制质量带来影响，特别是在用数字计算机作为控制装置时。通常采取的措施是滤波，即增加一个惯性环节。模拟滤波是由气阻和气容、电阻和电容组成的低通滤波器，根据对噪声衰减的要求来决定阻抗和容抗的数值；数字滤波则可以使用不同的算法达到不同的滤波要求，因此更加灵活一些。

任务2.3　控制阀的选择

控制阀是控制系统中非常重要的一个环节，它接收来自控制器的输出信号，通过改变阀的开度来达到最终的控制目的。控制阀直接与介质接触，当使用在高温、高压、深冷、强腐蚀、高黏度、易结晶等各种恶劣条件下工作时，控制阀选择的重要性就更为突出。不论是简单控制系统，还是复杂控制系统，控制阀都是控制系统不可缺少的组成部分。

2.3.1　选择阀的口径

控制阀口径必须很好地进行选择，在正常工况下，阀门开度应处于15%～85%。口径选择过小，当经受较大扰动时，阀门很可能运行到全开时的饱和非线性工作状态，使系统处于暂时失控情况。口径选择过大，阀门经常处于小开度，这时流体对阀芯、阀座的冲蚀严重。而且在小开度时，阀芯由于受不平衡力的作用，容易产生振荡现象，这就更加重了阀芯和阀座的损坏,甚至造成控制阀失灵。

控制阀口径的选择是通过流通能力 C 值的正确计算来确定的。C 值的定义为:阀前后压差为 1MPa,介质密度为 $1g/cm^3$ 时,每小时通过阀门流体的质量流量(t/h)。由于流过阀的介质不同,可能为液体、气体、蒸汽、闪蒸水等,故计算的公式都不一样。具体计算公式,可参考有关设计资料。

2.3.2 控制阀的流量特性

控制阀的流量特性,是指流体通过阀门的相对流量与阀门相对开度之间的关系,即

$$\frac{Q}{Q_{\max}} = f\left(\frac{l}{L}\right) \tag{2-5}$$

式中 $Q/Q_{\max}$——相对流量,是指控制阀在某一开度下的流量与最大流量的比值;

l/L——相对开度,即控制阀在某一开度下的行程与全行程之比。

一般来说,假设阀前后差压是固定的,即 $\Delta p = $ 常数,这时得到的流量特性关系称为理想流量特性。理想流量特性是控制阀固有的特性,是由产品的设计决定的。实际上,控制阀在工作时,经常和工艺管道和设备串联在一起,因此,必须考虑控制阀安装在有阻力的管道上后,由于通过控制阀的流量变化而引起阻力的变化,从而使阀上压降也发生相应的变化,即 $\Delta p \neq $ 常数,此时,控制阀的流量特性称为工作流量特性。

(1) 理想流量特性

控制阀的理想流量特性是由阀芯的形状决定的。图 2-7 所示的四种阀芯分别对应着四种典型的理想流量特性,即快开、直线、抛物线和对数四种流量特性。其特性曲线见图 2-8。直线流量特性和对数流量特性控制阀是工业上最常用的两种流量特性控制阀。

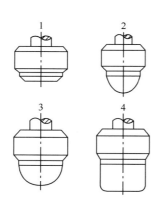

图 2-7 控制阀的阀芯形状

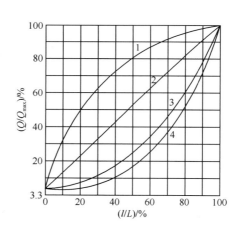

图 2-8 控制阀的四种理想流量特性曲线

① 直线流量特性 直线流量特性是指控制阀的相对开度与相对流量间呈直线关系,其数学表达式为

$$\frac{\mathrm{d}(Q/Q_{\max})}{\mathrm{d}(l/L)} = K \tag{2-6}$$

式中 K——常数。

控制阀放大系数在全行程范围内为一定值,如图 2-8 曲线 2 所示。取相对开度在 10%、50% 和 80% 三点,由表 2-1 查得数据,当控制阀相对开度 l/L 变化 10% 时,所引起的流量变化总是 10%。但从控制作用上看,控制系统主要考虑的是相对流量变化率的大小,因而由表 2-1 查得数据计算相对流量变化率为

当相对开度 l/L 从 10% 变化到 20% 时

$$\frac{22.7-13}{13} \times 100\% \approx 75\%$$

当相对开度 l/L 从 50% 变化到 60% 时

$$\frac{61.3-51.7}{51.7} \times 100\% \approx 19\%$$

当相对开度 l/L 从 80% 变化到 90% 时

$$\frac{90.3-80.6}{80.6} \times 100\% \approx 12\%$$

表 2-1 控制阀的相对开度与相对流量(可调比 $R=30$)

相对流量 Q/Q_{max}/(%)	相对开度 l/L/(%)										
	0	10	20	30	40	50	60	70	80	90	100
直线流量特性	3.3	13	22.7	32.3	42	51.7	61.3	71	80.6	90.3	100
对数流量特性	3.3	4.67	6.58	9.26	13	18.3	25.6	36.2	50.8	71.2	100
快开流量特性	3.3	21.7	38.1	52.6	65.2	75.8	84.5	91.3	96.13	99.03	100
抛物线流量特性	3.3	7.3	12	18	26	35	45	57	70	84	100

由此可见,直线流量特性的控制阀在小开度时,其相对流量变化率大,控制性能不稳定,不易控制,往往会产生振荡;而在大开度工作时,其相对流量变化率小,控制作用太弱,会造成控制作用不够及时。因此,直线特性的阀门不适合负荷变化大的对象控制。

② 对数(等百分比)流量特性 等百分比流量特性是指单位相对位移变化所引起的相对流量变化与该点的相对流量成正比。数学表达式为

$$\frac{\mathrm{d}(Q/Q_{max})}{\mathrm{d}(l/L)} = K \left(\frac{Q}{Q_{max}} \right) \tag{2-7}$$

式中 K——常数。

流量特性曲线如图 2-8 曲线 4 所示,控制阀放大系数是随流量的增大而增大。同样取相对开度分别在 10%、50% 和 80% 三点看:由表 2-1 查得数据,当相对开度变化 10%、50% 和 80% 时所引起的流量变化分别为 1.91%、7.3%、20.4%,因此这种阀在接近关闭时,工作得很缓和平稳,而接近全开状态时,放大系数大,工作得灵敏有效。同样,再计算它们的相对流量变化率,则分别为

当相对开度 l/L 从 10% 变化到 20% 时

$$\frac{6.58-4.67}{4.67} \times 100\% \approx 40\%$$

当相对开度 l/L 从 50% 变化到 60% 时

$$\frac{25.6-18.3}{18.3}\times100\%\approx40\%$$

当相对开度 l/L 从 80% 变化到 90% 时

$$\frac{71.2-50.8}{50.8}\times100\%\approx40\%$$

根据以上计算结果可知，等百分比流量特性的控制阀在全行程范围内相对流量变化率总是相等的，即相对流量和相对行程的关系是非线性的。相对开度较小时，流量变化较小；相对开度较大时，流量变化较大。因此控制精度在全行程范围内是不变的，对各种控制系统一般都能适用。

控制阀的静态放大系数随行程的增加而增加，这对某些随负荷增加而放大系数变小的对象来讲，能在一定程度上起补偿作用。因此，这种性质的阀对负荷变化大的对象更能显示出它的优越性。

③ 快开流量特性　快开流量特性是指单位相对位移的变化所引起的相对流量变化与该点相对流量值的倒数成正比关系。数学表达式为

$$\frac{\mathrm{d}(Q/Q_{\max})}{\mathrm{d}(l/L)}=K\left(\frac{Q}{Q_{\max}}\right)^{-1} \tag{2-8}$$

式中　K——常数。

流量特性如图 2-8 曲线 1 所示。这种阀在小开度时流量已经很大，随着行程的增加，流量迅速接近最大值，接近全开状态，因而称为"快开阀"。所以这种流量特性主要适用于二位式开关控制的程序控制系统中。

④ 抛物线流量特性　抛物线流量特性是指单位相对位移变化所引起的相对流量变化与该点相对流量值的平方根成正比。数学表达式为：

$$\frac{\mathrm{d}(Q/Q_{\max})}{\mathrm{d}(l/L)}=K\left(\frac{Q}{Q_{\max}}\right)^{1/2} \tag{2-9}$$

式中　K——常数。

流量特性曲线介于线性控制阀和等百分比控制阀之间，如图 2-8 曲线 3 所示。

四种控制阀的阀芯形状如图 2-7 所示。快开式控制阀为平板结构，直线流量特性控制阀和等百分比流量特性控制阀都为曲面形状，直线流量特性控制阀阀芯曲面形状较瘦，等百分比阀芯曲面形状较胖。因此，当被控介质含有固体悬浮物，容易造成磨损，影响控制阀的使用寿命时，宜选择直线流量特性控制阀。

⑤ 工作流量特性　控制阀很少在恒定压降下工作，必须考虑控制阀安装在有阻力的工艺管道上后，由于通过控制阀流量的变化而引起阻力变化时控制阀两端的压差是变化的，如图 2-9 所示。在这种情况下，控制阀的相对开度与相对流量的关系，称为工作流量特性。为了表明工艺配管对控制阀流量特性的影响，定义一个称为阻力比的系数 s 值，它的意义是控制阀全开时阀门上的压力降与包括控制阀在内的整个管路系统的压力降的比值。

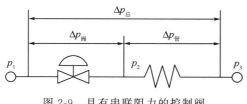

图 2-9　具有串联阻力的控制阀

$$s=\frac{(p_1-p_2)_{\text{全开}}}{p_1-p_3}=\frac{\Delta p_{\text{阀全开}}}{\Delta p_{\text{总}}} \tag{2-10}$$

式中 $\Delta p_{阀全开}$——控制阀全开时阀上的压力降;
$\Delta p_{总}$——包括控制阀在内的全部管路系统总的压力降。

系数 $s=1.0$,管道阻力损失为零,系统的总压力降全部降落在控制阀的两端,则控制阀的工作流量特性就是理想流量特性。随着 s 值的下降,管道阻力损失随之增加,不仅控制阀全开时的流量减小,而且理想流量特性发生畸变。图 2-10 分别表示了在不同 s 值时的工作流量特性。

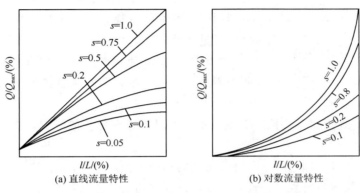

图 2-10 串联管道时控制阀的实际工作特性

由图 2-10 可见,考虑工艺配管,阀的固有特性随 s 值的变化见表 2-2。

表 2-2 考虑工艺配管状况

配管状况	$s=0.6\sim1$		$s=0.3\sim0.6$		$s<0.3$
阀的工作特性	直线	等百分比阀	直线	等百分比阀	不宜控制
阀的固有特性	直线	等百分比阀	等百分比阀	等百分比阀	不宜控制

确定阻力比 s 值的大小应从两方面考虑:首先应考虑调节性能,s 值越大,工作特性畸变越小,对调节有利;但 s 值越大,说明控制阀上的压差损失越大,会造成不必要的动力消耗,从节省能源的角度考虑,极不合算。一般设计时取 $s=0.3\sim0.5$。

⑥ 控制阀的流量特性的选择 在生产过程中负荷的变化将可能导致有些对象的放大系数、纯滞后及时间常数的变化,应根据对象特性选择控制阀的流量特性。

在生产过程中负荷的变化可能导致对象的静、动特性的变化。对于一个确定的具体对象,就有一组控制器参数(δ、T_i、T_d)与其相适应。对象特性改变了,原控制器参数就不能适应,这时如果不去修正控制器的参数,控制系统的控制质量就会降低。然而负荷的变化通常是随机的,这样,解决的办法就是选用自整定控制器,它能根据负荷的变化及时修正控制器的参数,以适应变化了的新情况。

另一种解决的办法就是在负荷变化时,根据对对象特性的影响情况,选择相应特性的控制阀来补偿对象特性的变化,使得广义对象(包括控制阀、对象及测量环节)的特性在负荷变化时保持不变。这样,就不必考虑当负荷变化时修正控制器参数的问题。

在控制器参数整定不变的条件下,适当选择阀的特性,以阀的放大系数变化来补偿对象

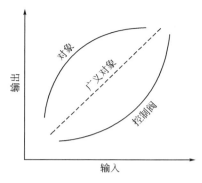

图 2-11 控制阀特性补偿示意图

放大系数的变化,从而保持广义对象总的放大系数不变。若被控对象为线性时,控制阀可以采用直线工作特性。而对于那些放大系数随负荷变化而具有非线性的工业对象,控制阀应选非线性工作特性。控制阀特性补偿示意图如图 2-11 所示。

目前控制阀有直线、等百分比、快开三种流量特性,对于快开特性,一般应用于双位和程序控制系统,因此,控制阀流量特性的选择,实际上是如何选择直线和等百分比流量特性。

控制阀在实际使用时,工艺配管的情况不同,即 s 值的不同,会影响控制阀的流量特性,因此选择阀的特性时要考虑 s 值的大小。

当 $s>0.6$ 时,理想流量特性畸变不严重,可以不考虑配管的影响,选择控制阀的理想流量特性。

当 $s=0.6\sim 0.3$ 时,理想特性是直线特性的畸变为快开特性,理想特性是对数特性的畸变为抛物线以至直线流量特性。因此,当要求的工作特性为直线特性时,理想特性应选用等百分比特性;当要求的工作特性为快开特性时,理想特性应选用直线特性;当要求的工作特性为等百分比特性时,由于受现有产品的限制,理想特性仍选等百分比特性,同时还要考虑采用阀门定位器进一步加以补偿。

当 $s<0.3$ 时,流量特性畸变严重,此时已不适合自动控制。

从控制阀正常工作时阀门开度考虑。当控制阀经常工作在小开度时,宜选用等百分比流量特性的控制阀;当流过控制阀的介质中含有固体悬浮物等,宜选用直线流量特性控制阀;在正常工作时,控制阀开度较大,此时选用直线型控制阀或者等百分比控制阀均可。

(2) 控制阀气开、气关形式的选择

气动薄膜控制阀是由执行机构和阀体组合而成的。执行机构有正、反两种作用形式,一种是气压信号由控制阀膜头膜片上侧引入,称为正向执行机构;另一种是气压信号由控制阀膜头膜片下侧引入,称为反向执行机构。控制阀阀体也有正装和反装两种形式。因此控制阀可以有四种气开和气关组合方式,如图 2-12 所示。

气动薄膜式执行机构

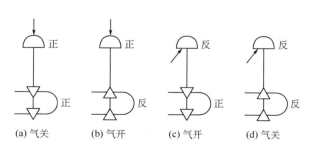

图 2-12 执行机构和阀体的组合方式

气开式控制阀是指当气压信号从 0.02MPa 增加时，阀门开度逐渐增加，当气压信号达到 0.1MPa 时，控制阀全开。当气压信号消失或等于 0.02MPa 时，控制阀处于全关闭状态。

气关式控制阀是指当气压信号从 0.02MPa 增加时，阀门开度逐渐减小，当气压信号达到 0.1MPa 时，控制阀关闭。当气压信号消失或等于 0.02MPa 时，控制阀处于全开状态。

对于一个具体的控制系统来说，控制阀应选气开阀还是气关阀，即在阀的气源信号发生故障或控制系统某环节失灵时，应该让阀处于全开还是处于全关的状态，这要由具体的工艺生产来决定。通常选择的原则如下。

① 首先要从安全生产出发，即当气源供气中断或控制器出故障而无输出或控制阀膜片破裂而漏气等，而使控制阀无法正常工作以致阀芯回复到无能源的初始状态（气开阀回复到全关，气关阀回复到全开），应能确保工艺生产设备的安全，不至于发生事故。如生产蒸汽的锅炉水位控制系统中的给水控制阀，为了保证发生上述情况时不至于把锅炉烧坏，控制阀应选气关式。

② 从保证产品质量出发，当发生控制阀处于无能源状态而回复到初始位置时，不应降低产品的质量。如精馏塔回流量控制阀常采用气关式，一旦发生事故，控制阀全开，使生产处于全回流状态，防止不合格产品送出，从而保证塔顶产品的质量。

③ 从降低原料、成品、动力消耗来考虑。如控制精馏塔进料的控制阀常采用气开式，一旦控制阀失去能源，即处于全关状态，不再给塔进料，以免造成浪费。

④ 从介质的特点考虑。精馏塔塔釜加热蒸汽控制阀一般选气开式，以保证在控制阀失去能源时能处于全关状态，避免蒸汽的浪费；但是如果釜液是易凝、易结晶、易聚合的物料时，控制阀则应选气关式，以防控制阀失去能源时阀门关闭，停止蒸汽进入而导致釜内液体的结晶和凝聚。

一般来说，按上面的原则，可以很容易地选择控制阀的开闭形式。但有些情况在控制阀开闭形式的选择上需要加以注意。

如工艺要求不一的情形，对于同一个控制阀可有两种不同的选择结果，如图 2-13 所示的锅炉供水控制系统。如果从防止蒸汽带液会损坏后续设备蒸汽透平（蒸汽带液会导致透平叶片损坏）的角度出发，控制阀应选气开式；然而如果从保护锅炉出发，以防断水而导致锅炉烧爆，控制阀则应选气关式。这就出现了矛盾的情况。在这种情况下就要分清主要矛盾和次要矛盾，权衡利弊，按主要矛盾来进行选择：如果前者是主要矛盾，则应选气开阀；如果后者是主要矛盾，则应选气关阀。

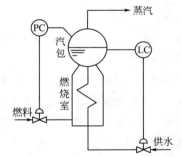

图 2-13 锅炉供水控制系统

在蒸汽压力控制系统中，一般情况下，为了保证气源中断时能停止燃料供给，以防止烧坏锅炉，故控制阀应选择气开式。

(3) 控制阀的口径选择

控制阀的口径大小直接关联控制质量。口径选择得过小，会使流经控制阀的介质达不到所需要的最大流量。口径选择得过大，不仅会浪费设备投资，而且会使控制阀经常处于小开度工作，控制性能也会变差，容易使控制系统变得不稳定。

控制阀的口径选择主要依据是流量系数。从工艺提供数据到算出流量系数，再到阀口径的确定，需经过以下几个步骤。

① 计算流量的确定　根据现有的生产能力、设备的负荷及介质的状况决定计算流量 Q_{max} 和 Q_{min}。

② 计算压差的确定　根据已选择的控制阀流量特性及系统特点选定 s 值，然后确定计算压差。

③ 流量系数的计算　按照工作情况判定介质的性质及阻塞流，选择合适的计算公式或图表，根据已确定的计算流量和计算压差，求取最大和最小流量时的流量系数 C_{max} 和 C_{min}。根据阻塞流情况，必要时进行噪声预估计算。

④ 流量系数值的选用　根据已经求取的最大值 C_{max}，进行放大或圆整，在所选用的产品型号标准系列中，选取大于 C_{max} 值并与其最接近的那一级 C 值。

⑤ 调节阀开度验算　一般求最大计算流量时的开度不大于 90%，最小计算流量时的开度不小于 10%。

⑥ 调节阀实际可调比的验算　一般要求实际可调比不小于 10。

⑦ 阀座直径和公称直径的确定　验证合格之后，根据 C 值来确定。

西门子阀门定位器视频

（4）阀门定位器的正确使用

阀门定位器是控制阀的主要附件，一般分电/气阀门定位器和智能阀门定位器，都是将阀杆位移信号作为输入的反馈测量信号，以控制器输出信号作为设定信号进行比较，当两者有偏差时，改变其到执行机构的输出信号，使执行机构动作，建立阀杆位移量与控制器输出信号之间的一一对应关系。定位器与控制器连接示意图如图 2-14 所示。

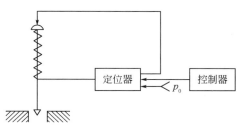

图 2-14　定位器与控制器连接示意图

定位器的使用场合如下。

① 用于对调节质量要求高的重要调节系统，以提高控制阀的定位精确及可靠性。

② 用于阀门两端压差大（$\Delta p > 1$MPa）的场合。通过提高气源压力增大执行机构的输出力，以克服液体对阀芯产生的不平衡力，减小行程误差。

③ 当被调介质为高温、高压、低温、有毒、易燃、易爆时，为了防止对外泄漏，往往将填料压得很紧，因此阀杆与填料间的摩擦力较大，此时用定位器可克服时滞。

④ 被调介质为黏性流体或含有固体悬浮物时，用定位器可以克服介质对阀杆移动的阻力。

⑤ 用于大口径（调节阀口径 $D_g > 100$mm）的控制阀，以增大执行机构的输出推力。

⑥ 当控制器与执行器距离在 60m 以上时，用定位器可克服控制信号的传递滞后，改善阀门的动作反应速度。

⑦ 用来改善控制阀的流量特性。

⑧ 智能阀门定位器通过参数设置，可以改变阀门气开或气关形式。

⑨ 一个控制器控制两个执行器实行分程控制时，可用两个定位器，分别接收低输入信号和高输入信号，则一个执行器低程动作，另一个高程动作，即构成了分程调节。

任务 2.4 控制器的选择

在控制系统中，仪表选型确定以后，对象的特性是固定的；测量元件及变送器的特性比较简单，一般也是不可以改变的；控制阀加上阀门定位器在一定程度上可调整，但灵活性不大，可以改变的主要就是控制器的参数。系统设置控制器就是通过它改变整个控制系统的动态特性，以达到控制的目的。

2.4.1 控制器控制规律的选择

某炼油厂的管式加热炉的出口温度控制如图 2-15 所示。若原料油在炉管内的加热温度过高时，易结焦，管子易堵塞，甚至烧坏管子；温度过低，则不符合工艺要求，并影响蒸馏塔的操作。原料油出口温度控制指标为±2℃。对图 2-15 中的控制器 TC 施加各种规律，其控制规律对过渡过程的影响参见图 2-16。

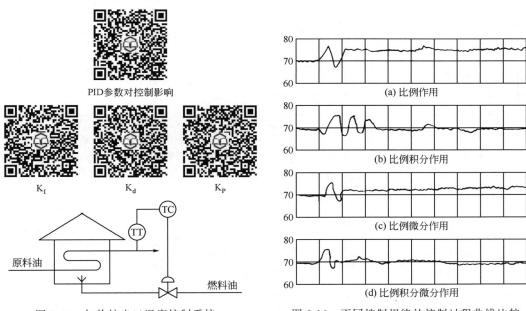

图 2-15 加热炉出口温度控制系统　　图 2-16 不同控制规律的控制过程曲线比较

比例作用：如图 2-16（a）所示，当燃料油压力波动为 5% 时，实测过渡时间为 9min，最大偏差为 4.5℃，余差为 3℃，超过了±2℃，不符合工艺要求，说明纯比例控制规律不行。

比例积分作用：加积分后使系统的超调量增加，过渡时间增长，振荡次数增加，余差消除，如图 2-16（b）所示。

比例微分作用：在同样的干扰下，与纯比例作用相比，余差减小，超调量减小，过渡时间缩短，参见图 2-16（c）。从比例微分作用的测试看到，对控制通道容量滞后较大、纯滞后较小的控制系统，通过增加微分作用，对控制质量有全面的改善。

比例积分微分作用：施加同样的干扰，从测试看到，加入微分强化了系统抗干扰的能力，提高了系统的稳定性。由于微分作用阻止被控变量的一切变化，故加入微分作用后，比例度相应减小并缩短积分时间，如图2-16（d）所示。

表2-3给出了各种控制规律的特点及适用范围。

PI-I　　　PI-P　　　PD-P　　　PD-D　　　ID-I　　　ID-D

表2-3　各种控制规律的特点及适用范围

控制规律	输入e与输出Δu的关系式	阶跃作用下的响应（阶跃幅值为A）	优缺点	适用场合
位式	$\Delta u = u_{max}(e>0)$ $\Delta u = u_{min}(e<0)$		结构简单，价格便宜；控制质量不高，被控变量会振荡	对象容量大，负荷变化小，控制质量要求不高，允许等幅振荡
比例（P）	$\Delta u = K_P e$	阶跃响应图，稳态值为$K_P A$	结构简单，控制及时，参数整定方便；控制结果有余差	对象容量大，负荷变化不大，纯滞后小，允许有余差存在，常用于塔釜液位、贮槽液位、冷凝液位和次要的蒸汽压力等控制系统
比例积分（PI）	$\Delta u = K_P \left(e + \dfrac{1}{T_I}\int e\,dt\right)$	阶跃响应图，初始跳变$K_P A$后斜坡上升	能消除余差；积分作用控制慢，会使系统稳定性变差	对象滞后较大，负荷变化较大，但变化缓慢，要求控制结果无余差，广泛用于压力、流量、液位和没有大的时间滞后的具体对象
比例微分（PD）	$\Delta u = K_P \left(e + T_D \dfrac{de}{dt}\right)$	阶跃响应图，初始尖峰衰减至$K_P A$	响应快，偏差小，能增加系统稳定性，有超前控制作用，可以克服对象的惯性；但控制作用差	对象滞后大，负荷变化不大，被控变量变化不频繁，控制结果允许有余差存在
比例积分微分（PID）	$\Delta u = K_P \left(e + \dfrac{1}{T_I}\int e\,dt + T_D \dfrac{de}{dt}\right)$	阶跃响应图，先下降后上升	控制质量最高，无余差；但参数整定较麻烦	对象滞后大，负荷变化较大，但不是很频繁；对控制质量要求高。常用于精馏塔、反应器、加热炉等温度控制系统及某些成分控制系统

2.4.2　控制器正、反作用的选择

设置控制器正、反作用的目的是保证控制系统构成负反馈。控制器的正、反作用是关系到控制系统能否正常运行与安全操作的重要问题。

控制器正、反作用方式的选择是在控制阀的气开、气关形式确定之后进行的，其确定的原则是使整个单回路构成具有被控变量负反馈的闭环系统。

简单控制系统方块图如图 2-17 所示。由控制原理可知，对于一个反馈控制系统来说，只有在负反馈的情况下，系统才是稳定的，当系统受到扰动时，其过渡过程将会是一个衰减过程；反之，如果系统是正反馈，那么系统是不稳定的，一旦遇到扰动作用，过渡过程将会发散，在工业过程控制中，这种情况是不希望发生的。因此，一个控制系统要实现正常运行，必须是一个负反馈系统，而控制器的正、反作用方式决定着系统的反馈形式，所以正确选择控制器的正、反作用至关重要。

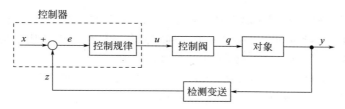

图 2-17　简单控制系统方框图

为了保证能构成负反馈，系统的开环放大倍数必须为负值，而系统的开环放大倍数是系统中各个环节放大倍数的乘积。这样，只要事先知道过程、控制阀和测量变送装置放大倍数的正负，再根据系统开环放大倍数必须为负的要求，就可以很容易地确定出控制器的正、反作用。

（1）系统中各环节正、反作用方向的规定

在控制系统方框图中，每一个环节（方框）的作用方向都可用该环节放大系数的正、负来表示。如作用方向为正，可在方框上标"＋"；如作用方向为负，可在方框上标"－"。

控制系统中各环节的作用方向（增益符号）是这样规定的：当该环节的输入信号增加时，若输出信号也随之增加，则该环节为正作用方向；反之，当输入增加时，若输出减小，即输出与输入变化方向相反，则为负作用方向。

① 被控对象环节　被控对象的作用方向随具体对象的不同而各不相同。当过程的输入（操纵变量）增加时，若其输出（被控变量）也增加，则属于正作用，取"＋"；反之则为负作用，取"－"号。

② 执行器环节　对于控制阀，其作用方向取决于是气开阀还是气关阀。当控制器输出信号（即控制阀的输入信号）增加时，气开阀的开度增加，因而流过控制阀的流体流量也增加，故气开阀是正方向的，取"＋"号；反之，当气关阀接收的信号增加时，流过控制阀的流量反而减少，则是反方向的，取"－"号。控制阀的气开、气关作用形式应按其选择原则事先确定。

③ 测量变送环节　对于测量元件及变送器，其作用方向一般都是"正"的。因为当其输入量（被控变量）增加时，输出量（测量值）一般也是增加的。

④ 控制器环节　由于控制器的输出取决于被控变量的测量值与设定值之差，所以被控变量的测量值与设定值变化时，对输出的作用方向是相反的。对于控制器的作用方向是这样规定的：当设定值不变、被控变量的测量值增加时，控制器的输出也增加，称为"正作用"，或者当测量值不变、设定值减小时，控制器的输出增加，也称为"正作用"，取"＋"号；反之，如果测量值增加（或设定值减小）时，控制器的输出减小，称为"反作用"，取"－"号。这一规定与控制器生产厂的正、反作用规定完全一致。

(2) 控制器正、反作用方式的确定方法

由前述可知，为保证使整个控制系统构成负反馈的闭环系统，系统的开环放大倍数必须为负，即

（控制器±）×（变送器＋）×（执行器±）×（被控对象±）＝"－"

确定控制器正、反作用方式的步骤如下：

a. 根据工艺安全性要求，确定控制阀的气开和气关形式，气开阀的作用方向为正，气关阀的作用方向为负；

b. 根据被控对象的输入和输出关系，确定其正、负作用方向；

c. 根据测量变送环节的输入/输出关系，确定测量变送环节的作用方向；

d. 根据负反馈准则，确定控制器的正、反作用方式。

例如，在锅炉汽包水位控制系统中，为了防止系统故障或气源中断时锅炉供水中断而烧干爆炸，控制阀应选气关式，符号为"－"；当锅炉进水量（操纵变量）增加时，液位（被控变量）上升，被控对象符号为"＋"；根据选择判别式，控制器应选择正作用方式，如图 2-18 所示。

又如，换热器出口温度控制系统，为避免换热器因温度过高或温差过大而损坏，当操纵变量为载热体流量时，控制阀选择气开式，符号为"＋"；在被加热物料流量稳定的情况下，当载热体流量增加时，物料的出口温度升高，被控对象符号为"＋"。则控制器应选择反作用方式，如图 2-19 所示。

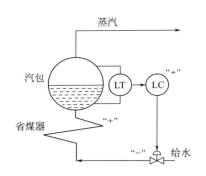

图 2-18 控制器作用选择案例（一）

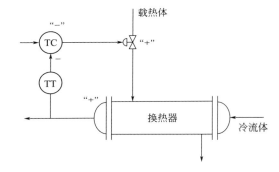

图 2-19 控制器作用选择案例（二）

任务 2.5 简单控制系统的投运和控制器参数整定

控制系统的投运，是指当系统设计、安装就绪，或经过停车检修后，使控制系统投入使用的过程。控制器参数整定，是指按照已定的控制系统，求取使控制质量最好的控制器参数值，即确定最适合的比例度、积分时间和微分时间。

2.5.1 控制系统的投运

(1) 投运前的准备

① 熟悉被控对象和整个控制系统，检查所有仪表及连接管线、电源、气源等，以保证

投运时能及时正确地操作,故障能及时查找到位。

② 检测元件、变送器、控制器、显示仪表、控制阀等必须通过检验,保证精确度要求。

③ 各种接线和导管必须经过检查,保证连接正确。

例如,孔板的上下游的引压导管要与差压变送器的正、负压室输入端极性一致,热电偶的正、负端与相应的补偿导线连接,并与温度变送器的正、负输入端极性一致等。除了极性不得接反以外,对号位置都不得接错。引压导管和气动导管必须畅通,不得中间堵塞。对于在流量测量中采用隔离液的系统,要在清洗好引压导管以后灌入隔离液(封液)。

④ 根据经验或估算,设置 δ、T_i 和 T_d,或者先将控制器设置为纯比例作用,比例度放较大的位置。

⑤ 确认控制阀的气开、气关形式;确认控制器的正、反作用。

(2) 配合工艺开车的过程进行控制系统各组成部分的投运

① 检测系统投入运行,如各种变送器的投运。

② 手动遥控阀门。在控制室中进行人工操作,操作人员在控制器(或 DCS 操作画面)面板上进行。用控制器(或 DCS 操作画面)的手动输出电流控制阀门的开关,改变操纵变量,使被控变量接近工艺设定值。当生产过程比较稳定且扰动较小时,就可以投入自动了。

③ 控制器(DCS)投运。待工况平稳后,可将系统由手动操作切换到自动运行。这一切换过程要求必须保证无扰动地进行。

对智能控制器或 DCS 控制系统来说,由于具有自动跟踪和保持电路,能够做到在手动时自动输出跟踪手动输出,在自动时手动输出跟踪自动输出,这样可以保证不论偏差是否存在,随时都可以进行手动与自动切换而不会引起扰动。此功能称之为双向平衡无扰动切换。

2.5.2 控制器参数的工程整定

通过控制系统的工程整定,使控制器获得最佳参数,即过渡过程要有较好的稳定性与快速性。一般希望控制过程具有较大的衰减比,超调量要小一些,控制时间越短越好,并且还要没有余差。对于定值控制系统,一般希望 4∶1 的衰减比。若对象的时间常数太大,调整时间太长,可用 10∶1 的衰减振荡过程。

工程整定法是在已经投运的实际控制系统中,通过试验或探索确定控制器的最佳参数。这种方法在现场经常遇到的,下面介绍几种常用的工程整定法。

(1) 临界比例度法

它是先通过试验得到临界比例度 δ_K 和临界周期 T_K,然后根据经验总结出来的关系,求出控制器各参数值。

具体做法如下:在闭合的控制系统中,先将控制器变为纯比例作用,即将 T_i 放在"∞"位置上,T_d 放在"0"位置上。在干扰作用下,从大到小逐渐地改变控制器的比例度,直到系统产生等幅振荡(即临界振荡),如图 2-20 所示。这时的比例度叫临界比例度 δ_K,周期为临界振荡周期 T_K,记下 δ_K 和 T_K,然后按表 2-4 中的经验公式计算出控制器的各参数整定数值。

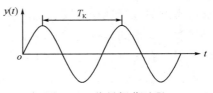

图 2-20 临界振荡过程

表 2-4　临界比例度法的参数计算表

控制规律	比例度 δ/%	积分时间 T_i/min	微分时间 T_d/min
P	$2\delta_K$		
PI	$2.2\delta_K$	$0.85T_K$	
PD	$1.8\delta_K$		$0.1T_K$
PID	$1.7\delta_K$	$0.5T_K$	$0.125T_K$

(2) 经验凑试法

将控制器的整定参数根据经验（表 2-5）设置在某一数值上，使系统投入闭环运行，反复凑试参数，观察曲线变化，直到获得满意的过程曲线为止。

表 2-5　经验凑试法的控制器参数范围

被控变量	控制系统特点	比例度 δ/%	积分时间 T_i/s	微分时间 T_d/s
流　量	对象时间常数小，并有噪声。不应用微分，比例度应较大，积分 T_i 较小	40～100	0.1～1	—
温　度	对象为多容量，滞后较大，应加微分	20～60	3～10	0.5～3.0
压　力	对象时间常数一般不大，不用微分	30～70	0.4～3.0	—
液　位	一般液位质量要求并不高	20～80	—	—

具体整定步骤如下。

① 采用比例控制器的系统，其参数整定的步骤是：首先置 $T_i=\infty$（去掉积分作用），$T_d=0$（去掉微分作用），将比例度由大逐渐变小，由此得到一系列控制过程曲线。若曲线振荡频繁，则加大比例度 δ；若曲线超调量大且趋于非周期过程，则减小比例度 δ，直至控制过程曲线被认为是最佳为止。

② 采用比例积分控制器的系统，其参数整定按如下步骤进行：先按纯比例控制器整定比例度 δ，使其得到比较好的控制过程曲线，然后再把比例度 δ 放大 20% 左右。引进积分，将 T_i 由大到小进行改变，使其得到比较好的控制过程曲线。最后在这个 T_i 下，再适当增大或减小 δ，观察控制过程曲线是否变化。若曲线变好，则就朝那个方向再整定 δ，若曲线没有变化，可将原整定的 δ 减小一些，改变 T_i，观察控制过程是否变好。这样经过多次的反复凑试，可以求得较好的过渡过程曲线及其整定参数。

③ 若采用比例积分微分控制器，则需确定比例度、积分时间和微分时间这 3 个参数。其方法与比例积分控制器的方法相同，仅在最后引入微分作用。在引入微分作用前，应使比例积分控制器的比例度 δ 下降 20% 左右，并将微分时间由小到大逐步加入，并反复凑试直到求得满意的过渡过程曲线为止。

注意，要得到具有同样衰减比的控制过程，如 4∶1 或 10∶1 的衰减振荡过程，控制器参数并不只有一组，而是可以有多组。

还要注意，经验法的关键是"看曲线，调参数"，因此，必须弄清楚控制器参数变化对过渡过程曲线的影响关系。一般情况下，比例度过小、积分时间过小或微分时间过大，都会使过渡过程曲线激烈振荡。图 2-21 表示了这三种原因引起的振荡曲线,曲线 a 是积分时间过小引起的振荡,周期较大;曲线 b 是比例度过小引起的振荡,周期较短;曲线 c 则是微分时间过大引起的振荡,周期最短。

若比例度过大或积分时间过大,都可使过渡过程变化缓慢,那么该如何判断调整?图 2-22 表示了这两种原因引起的波动曲线。通常,积分时间过大时,曲线呈非周期变化,缓慢地回到设定值,如图中曲线 d 所示;若比例度过大,曲线虽很不规则,但波浪的周期性较为明显,如图中曲线 e 所示。应当注意,积分时间过大或微分时间过大且超出允许的范围时,不管如何改变比例度,都是无法补救的。

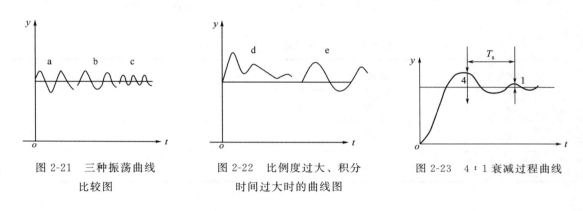

图 2-21　三种振荡曲线比较图　　图 2-22　比例度过大、积分时间过大时的曲线图　　图 2-23　4∶1 衰减过程曲线

(3) 衰减曲线法

衰减曲线法是在系统在闭环情况下,通过使系统产生衰减振荡来整定控制器的参数。具体整定步骤如下。

① 将控制器的积分时间 $T_i = \infty$,微分时间 $T_d = 0$,控制器为纯比例作用,比例度放在适当数值(一般为 100%)。

② 将控制器的比例度 δ 由大到小逐渐改变,并在每改变一次 δ 值时,通过改变设定值给系统施加一阶跃干扰,同时观察过渡过程变化情况。如果衰减比大于 4∶1,则应继续减小比例度 δ,当衰减比小于 4∶1 时,应增大比例度 δ,直至过渡过程呈现 4∶1 衰减为止,如图 2-23 所示。记下此时的比例度 δ_s(为 4∶1 衰减比例度),并从曲线上得到衰减振荡周期 T_s。

③ 根据 δ_s 和 T_s,使用表 2-6 中的经验公式,求出控制器的参数整定值。

表 2-6　4∶1 衰减曲线法参数整定计算表

控制作用	比例度 δ	积分时间 T_i	微分时间 T_d
P	δ_s		
PI	$1.2\delta_s$	$0.5T_s$	
PID	$0.8\delta_s$	$0.3T_s$	$0.1T_s$

④ 按"先 P 后 I 最后 D"的顺序,将控制器求得的参数放好。不过在放积分 T_i、微分 T_d 之前,应将比例度 δ 放在比计算值稍大(约 20%)的数值上,待积分、微分放好后,再

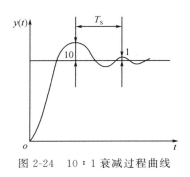

图 2-24　10∶1 衰减过程曲线

将 δ 放到计算值上。可以再加一次干扰，适当调整一下 δ 值，直到达到满意 4∶1 曲线为止。

在某些实际生产过程中，对控制过程的稳定性要求较高，认为 4∶1 衰减过程的稳定性还不够，希望过程的衰减比还要大一些，可采用 10∶1 衰减曲线法。其过渡过程如图 2-24 所示。

用 10∶1 衰减曲线法整定控制器参数的步骤与上述方法完全相同，仅是所采用的计算公式有些不同，如表 2-7 所示，表中 δ'_s 为衰减比例度，t_r 为达到第一个波峰时的响应时间。

表 2-7　10∶1 衰减法的整定计算公式

控制作用	比例度 δ	积分时间 T_i	微分时间 T_d
P	δ'_s		
PI	$1.2\delta'_s$	$2t_r$	
PID	$0.8\delta'_s$	$1.2t_r$	$0.4t_r$

任务 2.6　简单控制系统运行中常见问题的解决

简单控制系统投运后及运行一个时期后，可能会出现各种各样的问题，这时通常要从自动化装置和工艺这两方面去寻找原因，工艺人员和仪表人员要密切配合，认真检查。

随着自动化水平的提高，往往需要在同一设备上设置多套自控系统，这些系统之间可能存在相互关联的问题。系统间如果存在着相互关联的情况，就要进行认真的分析和慎重的处理。若系统间相互关联比较紧密，互相影响比较大，且又处理不当，则会使系统无法运行，严重地影响控制质量。

图 2-25 所示为一离心泵输出管线流量和压力控制系统并存的实例。由于这两套系统并存于同一输出管线上，当控制压力时，则必然会影响到流量，当控制流量时，又必然会影响到压力。这两个控制系统之间存在关联，且这种关联将使它们无法正常工作。

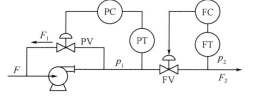

图 2-25　流量和压力控制系统

对于这种类型的系统，最简单的办法就是通过控制器参数整定的办法，将两个系统的工作频率拉开，削弱两系统之间的动态联系，就有可能使相互关联的控制系统仍能正常工作。在这两套系统中，如果流量是主要的，可以把压力控制器的比例度和积分时间都放得大一些，使压力控制系统的工作频率低一些。这样一旦出现扰动，流量系统立即工作，很快把流量调回到给定值；而压力控制系统则逐渐缓慢地把压力调回到给定值。反过来，如果压力是主要的，则可以将流量控制器的比例度和积分时间放得大一些，使流量系统工作频率低一些。这样一旦发生扰动，压力系统首先投入工作，很快将压力调回到给定值，而流量控制系统则逐渐缓慢地把流量调回到设定值。

① 由于控制系统内各组成环节的特性对控制质量都有一定的影响，所以当控制系统中某个组成环节的特性变化，系统的控制质量也会随着发生变化。首先要考虑对象的特性在运行中有无变化。例如换热对象的管壁有无结垢而增大热阻，降低传热系数；是否由于工艺变化等原因使设备内结晶不断析出或聚合物不断产生。以上各种现象的产生都会使被控对象的特性发生变化，例如时间常数变大，容量滞后增加等。为适应对象特性的变化，一般可通过重新整定控制器参数以获得较好的控制质量，这是因为控制器参数值是针对对象特性而确定的，若对象特性改变，则控制器参数也必须改变。

② 工艺操作的不正常和生产负荷的大幅度变化，不仅会影响对象特性，而且会使控制阀的特性发生变化。例如控制系统原来设计在中负荷条件下运行，而在大负荷或很小负荷条件下就会不适应了；又如所用线性控制阀在小负荷时特性会变化，系统无法获得较好的质量，这时可考虑采用等百分比特性的控制阀，情况会有所改善。

③ 控制阀在使用时本身的特性变化也会影响控制系统的工作。如对于一些阀，由于介质腐蚀，使阀芯、阀座形状发生变化，阀的流通面积变大，特性变坏，也易造成系统不能稳定地工作，严重时应关闭截止阀，人工操作旁路阀，并更换控制阀。

④ 自动控制系统的故障与控制器参数的整定是否恰当有关。控制器参数不同，开环系统的动、静态特性就会发生变化，控制质量也就发生改变。控制器参数整定不当而造成控制系统的质量不高属于软故障一类。控制器参数的确定不是静止不变的，当负荷发生变化时，控制对象的动、静态特性随着变化，控制器的参数随之也要调整。

项目小结

① 被控变量应尽量按照能直接反映产品质量的直接质量指标进行选择。当无法获得直接质量指标时，应选择与直接指标有单值对应关系且反应又快的间接指标作为被控变量。选择操纵变量的原则是按照被控对象的静态与动态特性使控制通道的放大系数大些，时间常数小些，而纯滞后越小越好。

② 测量变送元件的测量滞后与纯滞后会影响控制系统的控制质量，因而应正确选择测量元件及测量元件的安装位置，并正确地使用微分控制规律克服测量滞后。

③ 控制阀有直线、等百分比、快开及抛物线四种理想流量特性，当控制阀与工艺管路串联在一起时，会使其理想流量特性发生畸变。根据对象特性、工艺管路配管情况及所控制的介质的性质等条件，合理地选择控制阀流量特性。控制阀有气开、气关两种形式，要从安全生产、保证产品质量、节约原料、能源，工艺介质的性质等方面选择控制阀的开关形式。

④ 根据广义对象特点，正确选择控制器的 PID 控制规律。按照符号法（即 $K_m K_0 K_V K_C < 0$ 时）的 K_C 符号，确定控制器的正、反作用，使系统构成闭环负反馈系统。

⑤ 在同一工艺生产设备上设置多套自控系统时，这些系统之间就可能存在相互关联，如果是有利的关联就要充分地利用，而有害的关联就要设法克服。

⑥ 控制系统在投运生产时，要执行先手动遥控、后自动控制投运的过程，它们之间的转换要做到无扰动切换。控制系统投运完成后要进行控制器参数的工程整定。整定的方法有经验凑试法、临界比例度法和衰减曲线法，即确定控制器的 δ、T_i 和 T_d 这三个参数，使其满足工艺质量指标的要求。

⑦ 自动控制系统的常见相关联问题及处理方法。

思考与习题

2-1 在设计单回路控制系统时，被控变量和操纵变量的选择原则是什么？

2-2 控制通道、干扰通道的特性可以用哪些特征参数表征？各参数对过渡过程有何影响？

2-3 什么是控制阀的理想流量特性和工作流量特性？两者有什么关系？如何选择控制阀的流量特性？

2-4 什么是气开、气关式控制阀？选择的原则是什么？

2-5 在控制系统中，阀门定位器起什么作用？

2-6 在过程控制系统设计中，测量变送环节常遇到哪些主要问题？怎样克服或减小测量变送中的纯滞后、测量滞后？

2-7 一个系统的对象有容量滞后，另一个系统由于测量点安装位置不当造成纯滞后，若分别都采用微分作用克服滞后，效果如何？

2-8 图 2-26 为加热炉温度控制系统。

① 指出该系统中的被控变量、操纵变量、被控对象各是什么？

② 该系统可能出现的干扰有哪些？

③ 该系统的控制通道是什么？

④ 画出控制系统的方块图。

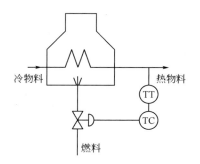

图 2-26 加热炉温度控制系统

2-9 比例控制器、比例积分控制器、比例积分微分控制器的特点分别是什么？各使用在什么场合？

2-10 图 2-27 所示为不同控制作用下过程输出的阶跃响应曲线，指出曲线 1、2、3 分别是哪种控制作用？并说明原因。

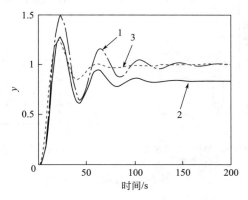

图 2-27 不同控制作用下的阶跃响应曲线

2-11 有一液体贮槽，如图 2-28 所示，需要对液体实现自动控制。为安全起见，严格禁止贮槽内液体溢出，试在下述两种情况下设计控制方案，分别确定控制阀的气开、气关形式及控制器的正、反作用：

① 若选择流入量 Q_i 为操纵变量；

② 若选择流出量 Q_o 为操纵变量。

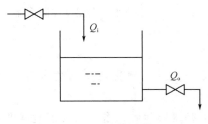

图 2-28 液体贮槽

2-12 什么是控制系统的关联？对控制系统的工作有什么影响？若要消除关联，有哪些主要的方法？

2-13 试分析图 2-29 所示控制系统的关联，并说明可以用什么方法予以克服？

2-14 简单控制系统的投运步骤有哪些？

2-15 什么是控制器参数的整定？常见的控制器参数工程整定方法有哪些？

2-16 图 2-30 所示为一蒸汽加热器温度控制系统。

① 指出该系统中的被控变量、操纵变量、被控对象各是什么？

② 该系统可能的扰动有哪些？

③ 该系统的控制通道是指什么？

④ 试画出该系统的方块图。

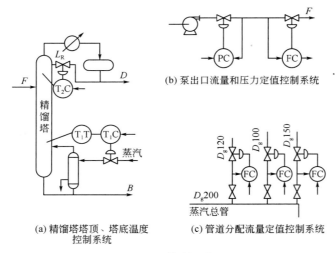

图 2-29 控制系统

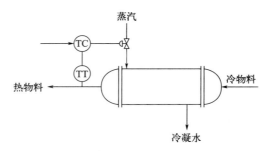

图 2-30 蒸汽加热器温度控制系统

⑤ 选择控制器的控制规律。

⑥ 如果被加热物料过热易分解，试确定控制阀的气开、气关型式，以及控制器的正、反作用。

⑦ 试分析当冷物料的流量突然增加时，系统的控制过程及各信号的变化情况。

2-17 一个自动控制系统，在比例作用的基础上分别增加：①适当的积分作用；②适当的微分作用。试问：

（1）这两种情况对系统的稳定性有何影响？

（2）为了得到相同的稳定性，应如何调整控制器的比例度 δ？并说明理由。

2-18 控制系统在控制器不同比例度情况下，分别得到两条过渡过程曲线，如图 2-31 (a)、(b) 所示，试比较两条曲线所对应的比例度的大小（设系统为定值控制系统）。

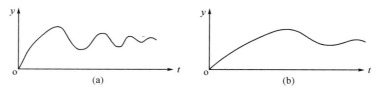

图 2-31 不同比例度时的过渡过程曲线

2-19 某控制系统用 4∶1 衰减曲线法整定控制器的参数。已测得 $\delta_s = 40\%$，$T_s = 6\text{min}$。试分别确定 P、PI、PID 作用时控制器的参数。

2-20 某控制系统中的 PI 控制器采用经验凑试法整定控制器参数。如果发现在扰动情况下的被控变量记录曲线最大偏差过大，变化很慢且长时间偏离设定值，试问在这种情况下应怎样改变比例度与积分时间？

2-21 喷雾式干燥设备是用于牛奶类乳化物的干燥，系统示意图见图 2-32。注入乳液采用高位槽的办法：因为浓缩的乳液属于胶体物质，如激烈搅拌就容易固化，也不能用泵输出。浓缩的乳液由高位槽流经过滤器 A 或 B，除去凝结块等杂质，再到干燥器的顶部并从喷嘴喷出。空气由鼓风机送至换热器（用蒸汽加热），热空气与从鼓风机直接吹来的空气混合后，再经过风管进入干燥器，从而蒸发掉乳液中的水分而使之成为粉状物，并随湿空气一起由底部送出，进行分离。请设计合理的控制系统。

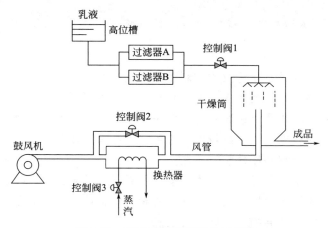

图 2-32 喷雾式干燥器系统示意图

项目2 参考答案

项目三

串级控制系统设计

工业控制系统,尤其是石化行业的控制系统,其生产连续性强、过程复杂、自动化程度高,精度高,因此控制方案的选择直接关系到控制质量的好坏,这就要通过一些复杂控制系统来实现高质量的生产。本项目讲述以提高系统控制质量为目的的串级控制系统,主要介绍了串级控制系统的组成和原理、系统特点、应用范围及串级控制方案的设计原则,最后介绍了串级控制系统的投运步骤和参数整定方法。

通过对串级控制系统的学习,使学生了解"不断优化控制方案,改进控制规律,以实现控制系统品质最优化和经济价值最大化"的过程和方法,培养学生的创新意识和精益求精的工匠精神,增强学生服务社会的使命感与责任感。

项目目标

① 学习串级控制系统的组成和原理。
② 学习串级控制系统的设计方法。
③ 掌握串级控制系统的投运及控制器的参数整定方法。

项目实施

任务 3.1 了解串级控制系统的组成

3.1.1 串级控制系统的概念

为了认识串级控制系统,在这里先举一个管式加热炉的例子。管式加热炉是工业生产中的重要的装置之一。工艺要求加热炉出口物料的温度为某一定值,因此选取加热炉的出口温度为被控变量,选取燃料量为操纵变量,构成如图 3-1(a) 所示的单回路控制系统。

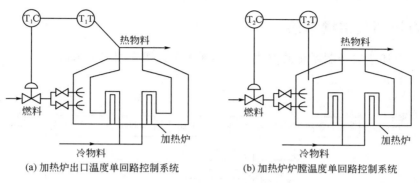

(a) 加热炉出口温度单回路控制系统　　(b) 加热炉炉膛温度单回路控制系统

图 3-1　加热炉温度控制系统

上述控制方案在实际生产过程中,特别是当加热炉的燃料压力或燃料本身的热值有较大波动时,控制系统的控制质量很差,加热炉的出口物料温度波动较大,难以满足生产要求。当燃料压力或燃料本身的热值变化后,先影响炉膛的温度,然后通过传热过程才能逐渐影响加热炉出口物料的温度,这个通道容量滞后很大,时间常数约为 15min,反应缓慢,而温度控制器 TC 是根据加热炉出口物料的温度与设定值的偏差工作的,所以当干扰作用在对象上,必须等被控变量发生变化后才能产生控制作用,即控制作用不及时,系统克服干扰的能力较差,不能满足工艺生产的要求。为此,选择炉膛温度为被控变量,燃料量为操纵变量,设计图 3-1 (b) 所示控制系统,以维持加热炉出口物料温度为某一定值。该系统的特点是能及时有效地克服燃料压力变化等扰动,控制通道容量滞后减小,时间常数约为 3min,控制作用比较及时。但是对影响加热炉出口温度的其他干扰并未包括在控制系统内,系统不能克服,所以控制精度不能达到工艺生产的要求。

最好的办法是将上述两个控制方案综合在一起,将最主要的、变化最剧烈的干扰由图 3-1 (b) 的方式先克服,而其他干扰影响最终用图 3-1 (a) 的方式彻底解决。但若将两种方案机械地组合在一起,在燃料管线上就会有两个控制阀,会互相产生影响。为此,选取炉出口温度为被控变量,选取炉膛温度为辅助被控变量,把加热炉出口温度控制器的输出作为炉膛温度控的设定值,构成了图 3-2 所示的加热炉出口温度与炉膛温度的串级控制系统。这样将影响炉出口温度的主要干扰,如燃料压力或燃料本身的热值变化,由炉膛温度控制器 T_2C 构成的控制回路来克服,而对炉出口温度造成影响的其余干扰,如被加热物料的流量和炉前温度的变化,由炉出口温度控制器 T_1C 构成的控制回路来消除。

上述实例说明了串级控制系统的构成原理,就是把原时间常数较大的被控对象分解为两个时间常数较小的被控对象,为了稳定主要的被控变量,引入一个辅助的被控变量。由此可得出,所谓串级控制系统是指一个自动控制系统有两个控制器,分别通过两个测量变送器接收两个测量信号,其中一个控制器的输出作为另一个控

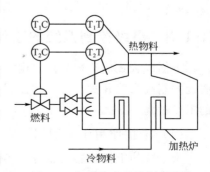

图 3-2　加热炉串级控制系统

制器的设定值，而另一个控制器的输出直接送控制阀以改变操纵变量。从系统的结构看，这两个控制器是串联工作的，因此，这样的系统被称为串级控制系统。

3.1.2 方块图及常用术语

图 3-3 是上述串级控制系统的方块图，下面参照该图介绍名词术语。

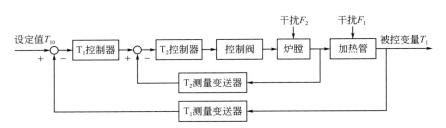

图 3-3 加热炉出口温度串级控制系统方块图

① 主变量 生产过程中要控制的工艺参数，在串级控制系统中起主导作用的被控变量，如上例中的加热炉出口温度。

② 副变量 串级控制系统中为了稳定主被控变量而引入的辅助变量，如上例中的炉膛温度。

③ 主对象 生产过程中要控制的，由主被控变量表征其特性的生产设备或生产过程，如加热炉从炉膛温度检测点到炉出口温度检测点间的工艺生产设备。

④ 副对象 由副被控变量表征其特性的工艺生产设备，如上例中控制阀至炉膛温度检测点间的工艺生产设备。

⑤ 主控制器 按主被控变量的测量值与设定值的偏差进行工作的控制器，其输出作为副控制器的设定值。

⑥ 副控制器 其设定值来自主控制器的输出，并按副被控变量的测量值与设定值的偏差而工作的控制器。

⑦ 主变送器 实现对主被控变量进行测量以及信号转换的变送器。

⑧ 副变送器 实现对副被控变量进行测量以及信号转换的变送器。

⑨ 副回路 由副变送器、副控制器、执行器和副对象所构成的内回路，也称为内环或副环。

⑩ 主回路 由主变送器、主控制器、主对象及副回路构成的回路，也称为外环或主环。

3.1.3 串级控制系统的工作过程

下面以管式加热炉为例，说明串级控制系统是如何有效地克服滞后、提高控制质量的。假设控制阀为气开式，主、副控制器均采用反作用。根据不同干扰，分三种情况分析该系统的工作过程。

(1) 干扰作用于副回路

当系统的干扰是燃料压力、热值和烟囱抽力变化时，干扰进入副回路，干扰先影响炉膛温度，于是副控制器立即发出校正信号来控制阀的开度，改变燃料量，克服上述扰动对炉膛温度的影响。如果干扰量不大，经过副回路的及时控制，一般不影响炉的出口温度；如果干扰的幅值较大，虽然经过副回路的及时校正，但还影响炉出口温度，此时再由主回路进一步控制，从而完全克服上述干扰的影响，使炉出口温度恢复到设定值。

由于副回路的控制通道短，时间常数小，所以当干扰进入回路时，可以获得比单回路控制系统超前的控制作用，有效地克服燃料油压力或热值变化对加热炉出口温度的影响，从而大大提高了控制质量。

（2）干扰作用于主对象

在系统的干扰是冷物料的进口流量或温度变化作用于主对象上从而使炉出口温度变化的情况下，若冷物料的进口流量的变化使加热炉出口温度升高，这时主控制器的测量值增加，因而主控制器的输出降低，即副控制器的设定值降低。由于这时炉膛温度暂时还没有变，即副控制器的测量值没有变，因而副控制器的输出将随着设定值的降低而降低。随着副控制器的输出降低，气开式控制阀的开度也随之减小，于是燃料量减少，促使加热炉出口温度降低，直至恢复到设定值。所以，在串级控制系统中，如果干扰作用于主对象，主回路产生校正作用，克服干扰对炉出口温度的影响。由于副回路的存在，加快了校正作用，使干扰对炉出口温度的影响比单回路控制时要小得多。

（3）干扰同时作用于副回路和主对象

如果除了进入副回路的干扰外，还有其他干扰作用在主对象，亦即上述两类干扰同时出现，分别作用在主、副对象上，这时可以根据干扰作用下主、副变量变化的方向，分下列两种情况进行讨论。

一种情况是干扰的作用使主、副变量的变化方向相同，即同时增加或同时减小。如在图 3-3 所示的温度串级控制系统中，一方面由于燃料油压力增加（或热值增加）使炉膛温度 t_2 增加，同时由于冷物料进口温度增加（或流量减少）而使加热炉出口温度 t_1 增加。这时主控制器的输出由于 t_1 增加而减小，副控制器由于测量值增加而使设定值（即主控制器输出）减小，这样设定值和炉膛温度 t_2 之间的差更大，所以副控制器的输出也就大大减小，以使控制阀关得更小些，这大大减少了燃料供给量，直至主变量恢复到设定值为止。由于此时主、副控制器的工作都是使阀门关小，所以加强了控制作用，并加快了控制过程。

另一种情况是主、副变量的变化方向相反，一个增加，另一个减小。如在以上实例中，假定一方面由于燃料油压力升高（或热值增加）而使炉膛温度 t_2 增加，另一方面由于冷物料进口温度降低（或流量增加）而使炉出口温度 t_1 降低，这时主控制器的测量值降低，其输出增大，使副控制器的设定值也随之增大，而这时副控制器的测量值也在增大。如果两者增加量恰好相等，则偏差为零，这时副控制器输出不变，阀门无需动作；如果两者增加量不相等，由于能互相抵消掉一部分，因而偏差也减小，这时只要控制阀稍稍动作一点，即可使系统达到稳定。

通过以上分析可以得出，在串级控制系统中，由于引入了副回路，不仅能迅速克服作用于副回路的干扰，而且对作用于主对象上的干扰也能加速克服过程。副回路具有先调、粗调、快调的特点；主回路具有后调、细调、慢调的特点，并对于副回路没有完全克服掉的干扰影响能彻底加以克服。因此，在串级控制系统中，由于主、副回路相互配合、相互补充，充分发挥了控制作用，大大提高了控制质量。

3.1.4 串级控制系统的特点

从总体上看串级控制系统仍然是一个定值控制系统，其最终目的是保持主变量的一定。因此，主变量在干扰作用下的过渡过程和单回路定值控制系统的过渡过程具有相同的品质指标和类似的形式，但在结构上，串级控制系统与单回路系统相比，增加了一个副回路，因此又有它的特点。

(1) 由于副回路的快速作用，使整个控制系统对干扰具有很强的克服能力

串级控制系统的抗干扰能力比单回路控制系统要强得多，特别是在干扰作用于副环的情况下，系统的抗干扰能力会更强。由于副回路的存在，当干扰进入副回路后且还未影响到主变量之前，副控制器首先对干扰作用采取抑制措施，进行"粗调"。如果主变量也受到了影响，那么将再由主控制器进行"细调"。因此总的控制效果比单回路大大提高。

图 3-4（a）是简单控制系统的情况，进入回路的扰动为 $F_2(s)$，$G_f(s)$ 是扰动通道的传递函数。图 3-4（b）是串级控制系统方块图，图 3-4（c）是它的等效方块图。比较图 3-4（a）(c) 可见，扰动通道传递函数 $G_f(s)$ 在等效方块图中为 $G_f(s)/(1+G_{c2}G_vG_{o2}G_{m2})$，即干扰被缩小到原来的 $1/(1+G_{c2}G_vG_{o2}G_{m2})$，所以说对进入副回路的干扰具有较强的抑制能力。

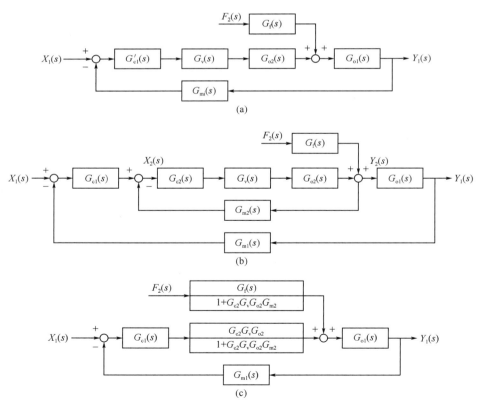

图 3-4 副回路内扰动的影响

(2) 由于副回路的存在，改善了对象的特性

串级控制系统在结构上用一个闭合的副回路代替了原来的一部分对象，所以把副回路等效为主回路中的一个等效副对象 $G'_{o2}(s)$，如图 3-4（b）所示，可得副回路的等效传递函数为

$$G'_{o2}(s) = \frac{Y_2(s)}{X_2(s)} = \frac{G_{c2}(s)G_v(s)G_{o2}(s)}{1 + G_{c2}(s)G_v(s)G_{o2}(s)G_{m2}(s)} \tag{3-1}$$

设 $G_{c2}(s) = K_{c2}$，$G_v(s) = K_v$，$G_{o2}(s) = \dfrac{K_{o2}}{T_{o2}s+1}$，$G_{m2}(s) = K_{m2}$，代入式（3-1），可得

$$G'_{o2}(s) = \frac{K_{c2}K_vK_{o2}}{T_{o2}s + 1 + K_{c2}K_vK_{o2}K_{m2}} \tag{3-2}$$

$$K'_{o2} = \frac{K_{c2}K_vK_{o2}}{1 + K_{c2}K_vK_{o2}K_{m2}} \tag{3-3}$$

$$T'_{o2} = \frac{T_{o2}}{1 + K_{c2}K_vK_{o2}K_{m2}} \tag{3-4}$$

式（3-2）可简化成一阶形式

$$G'_{o2}(s) = \frac{K'_{o2}}{T'_{o2}s + 1} \tag{3-5}$$

因为 $1 + K_{c2}K_vK_{o2}K_{m2} > 1$，所以 $T'_{o2} < T_{o2}$，$K'_{o2} < K_{o2}$。

由此可看出，由于副回路的存在，如果副控制器采用比例作用，等效副对象的时间常数 T'_{o2} 与放大倍数 K'_{o2} 都为原值的 $1/(1 + K_{c2}K_vK_{o2}K_{m2})$。这就是说等效副对象的响应速度比原副对象快，而且随副控制器放大倍数 K_{c2} 的增加而越来越快。也就是说对象的容量减小，因此惯性滞后也减小了。如果匹配得当，$(1 + K_{c2}K_vK_{o2}K_{m2})$ 较大，使 T'_{o2} 相对很小，这样等效环节 $G'_{o2}(s) = K'_{o2} \approx 1$。理想状态下，这个副回路能很好地随动，近似于一个 1∶1 的比例环节。整个控制系统中的等效对象将只是原来主对象部分，因此对象容量滞后减小，相当于增加了微分作用的超前环节，使控制过程加快，所以串级控制系统对于克服容量滞后大的对象是有效的。对于等效对象放大倍数 K'_{o2} 的减小，可以通过增加主控制器的放大倍数来加以补偿。

由于等效副对象时间常数减小，系统的工作频率得以提高，整个串级回路的工作频率高于单回路工作频率。当主、副对象特性一定时，副控制器放大倍数越大，串级系统的工作频率提高得越明显，过渡过程的时间也相对缩短，因而控制质量获得了改善。

(3) 由于副回路的存在，具有一定的自适应能力

在单回路控制系统中，控制器的 PID 参数是根据对象的特性，按一定的质量指标要求整定得到的。如果对象具有非线性，那么随着负荷和操作条件的改变，对象特性就会发生变化。特别是当负荷变化较大、较频繁时，原来整定适用于一定负荷下的控制器参数仍保持不变的话，则控制质量将会随着下降。在简单控制系统中，可以通过选取控制阀的流量特性来补偿对象特性的变化，使整个广义对象具有线性特性，但这种补偿是极其有限的，也不完全是理想的。

如果对象存在非线性，那么可以把它设计在副回路中。当负荷变化时，若 K_{o2} 是非线

性的，根据前面已推出的等效副对象的放大倍数可知，当 $1+K_{c2}K_vK_{o2}K_{m2}>1$ 时，则

$$K'_{o2}=\frac{K_{c2}K_vK_{o2}}{1+K_{c2}K_vK_{o2}K_{m2}}\approx\frac{1}{K_{m2}} \qquad (3-6)$$

此时等效副对象的放大倍数与副对象本身放大倍数无关，仅与副回路测量变送元件的放大倍数有关。如果主对象为线性，则总的控制通道可近似为线性，即将非线性特性改为近似线性特性。

串级控制系统的主回路是一个定值系统，副回路是一个随动系统，如果对象存在非线性，那么将具有较大非线性的一部分对象包括在副回路中，当操作条件或负荷发生变化时，主控制器能够根据操作条件和负荷的变化情况而随时校正副控制器的设定值，使控制系统的控制质量仍然保持不变。因此，可以认为串级控制系统具有一定的自适应能力。

任务 3.2　串级控制系统的设计

串级控制系统的设计，主要包括主、副被控变量的选择，主、副控制器控制规律的选择及主、副控制器正、反作用的选择。

3.2.1　主、副被控变量的选择

主变量的选择与单回路控制系统被控变量的选择方法相同。副变量的选择是设计串级控制系统的关键所在，可按如下原则选择。

① 必须保证副变量是操纵变量到主变量通道中一个适当的中间变量。通过选择副变量，将原被控对象分解为两个串联的被控对象。以分解后的两个被控对象的中间变量作为副变量，构成一个副回路。将原被控变量作为主变量构成主回路。

② 副回路必须包括主要干扰，因为串级控制系统的副回路对进入其中的干扰具有较强的克服能力。为发挥副回路的作用，应将影响主变量最严重、最剧烈、最频繁的主要干扰包括在副回路中。如在加热炉温度-温度串级控制系统中，如果燃料的流量或热值变化是主要干扰，上述方案就是正确合理的。若燃料油压力是主要干扰，则应选燃料压力作为副变量，如图 3-5 所示，就能较好地克服燃料压力等扰动的影响。充分利用副回路快速抗干扰的性能，将干扰的影响抑制在最低限度，这样干扰对主变量的影响就会大大减

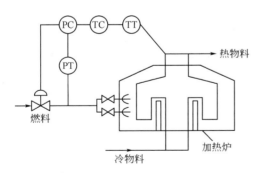

图 3-5　加热炉温度与压力串级控制系统

小，从而提高控制质量。

③ 在可能情况下，应使副回路包含更多一些的干扰，充分发挥副回路的优越性。副变量越靠近主变量，它包含的干扰量越多，但同时控制通道变长，滞后相应增加；副变量越靠近操纵变量，它包含的干扰量越少，控制通道越短。因此，要选择一个适当位置，使副回路在包含主要干扰的同时，能包含适当多的其他干扰。当对象具有非线性环节时，应使非线性

环节包含于副回路之中，从而使副回路的控制作用得以更好地发挥。

④ 副回路的设计必须使主、副对象的时间常数适当匹配。主、副对象的时间常数不能太接近。通常副对象的时间常数小于主对象的时间常数。这是因为如果副对象时间常数很大，说明副变量的位置很靠近主变量，两个变量几乎同时变化，失去设置副回路的意义。

如果两个对象时间常数基本相等，由于主、副回路是密切相关的，系统可能出现"共振"，使系统控制质量下降，甚至出现不稳定的问题。原则上，主、副对象时间常数之比应为 3~10 比较合适。

⑤ 副回路的设计应考虑工艺上的合理性、可靠性及经济性，能用简单控制系统时，就不要采用串级控制系统。

3.2.2 主、副控制器控制规律的选择

从工艺上来说，串级控制系统的主变量是工艺操作的主要指标，允许波动的范围很小，一般要求无余差，因此主控制器应选 PI 或 PID 控制规律。副变量的设置是为了保证主变量的控制质量，可以允许在一定范围内变化，允许有余差，因此副控制器一般选 P 控制规律就可以了，并且比例度选得较小，通常不引入积分控制规律。因为副变量允许有余差，而且副控制器的比例度选得较小，控制作用强，余差小，若采用积分控制规律会延长控制过程，减弱副回路的快速作用。在选择流量为副变量时，它的时间常数及纯滞后很小，为了保持系统稳定，比例度须选得较大些，这样，比例控制作用偏弱，为此需引入积分作用，采用 PI 控制规律。此时引入积分作用的主要目的不是消除余差，而是增强控制作用。副控制器一般不引入微分控制规律，因当副控制器有微分作用时，一旦主控制器的输出稍有变化，控制阀将大幅度地变化，这对控制也是不利的。只有当副对象容量滞后较大时，才适当加一点微分作用。

3.2.3 主、副控制器正、反作用的选择

串级控制系统控制器正、反作用的选择顺序应该是先副后主。副控制器的正、反作用要根据控制阀的气开、气关形式来确定，原则与单回路控制系统相同。在确定副控制器正、反作用时，可不考虑主回路，即将副回路看成一个独立的单回路控制系统，这样就可很容易地确定副控制器的正、反作用。

主回路包括主控制器、副回路、主对象、主变送器。因为副回路是一个随动系统，因此，整个副回路可视为一个放大系数为"正"的环节。这样，只要根据主对象与主变送器放大系数的符号及整个主环开环放大系数为"负"的要求，就可以确定主控制器的正、反作用。主、副变送器放大系数一般情况下都是"正"极性的，而副回路可视为放大系数一直为"正"极性的环节，因此，主控制器的正、反作用实际上只取决于主对象的放大系数符号。当主对象放大系数符号为"正"极性时，主控制器应选"负"作用；反之，当主对象放大系数符号为"负"极性时，主控制器应选"正"作用。

下面以图 3-2 所示炉出口温度与炉膛温度串级控制系统为例，说明主、副控制器中正、反作用方式的确定。

从生产工艺安全出发，燃料控制阀选用气开式，即一旦生产不正常，控制阀处于全关状态，以切断燃料进入加热炉，确保其设备安全，故控制阀的 K_v 为正。当控制阀开度增大，

燃料量增加，炉膛温度升高，故副对象的 K_0 为正。为了保证副回路为负反馈，则副控制器的放大系数 K_c 应取正，即为反作用控制器。由于炉膛温度升高，则炉出口温度也升高，故主对象的 K_0 为正。为保证整个回路为负反馈，则主控制器的放大系数 K_c 应为正，即为反作用控制器。

串级控制系统主、副控制器正、反作用方式确定是否正确，可做如下检验：当炉出口温度升高时，主控制器输出应减小，即副控制器的设定值减小，因此，副控制器输出减小，使控制阀开度减小，这样进入加热炉的燃料量减少，从而使炉膛温度和出口温度降低。

案例 某干燥器的流程图如图 3-6 所示。干燥器采用夹套加热和真空抽吸并行的方式来干燥物料。夹套内通入的是由加热器加热后的热水，而加热器通入的是饱和蒸汽。为了提高干燥速度，应有较高的干燥温度 θ。但 θ 过高，会使物料的物性发生变化，这是工艺不允许的。因此应严格控制干燥温度 θ。

① 若蒸汽压力波动是主要干扰，应采用何种控制方案？为什么？试确定这时控制阀的气开、气关形式与控制器的正、反作用。

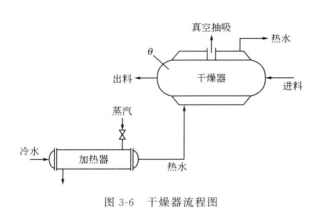

图 3-6 干燥器流程图

② 若冷水流量波动为主要干扰，应采用何种控制方案？为什么？试确定这时控制器的正、反作用和控制阀的气开、气关形式。

③ 若冷水流量与蒸汽压力都经常波动，应采用何种控制方案？为什么？试画出这时的控制流程图，确定控制器的正、反作用。

解 ① 应采用干燥温度与蒸汽流量的串级控制系统。选择蒸汽流量作为副变量，当蒸汽压力有所波动，引起蒸汽流量变化时，副回路可以及时克服，以减少或消除蒸汽压力波动对主变量 θ 的影响，提高控制质量。

控制阀应选择气开式，这样一旦气源中断，马上关闭蒸汽阀门，以防止干燥器内温度 θ 过高。由于蒸汽流量（副被控变量）和干燥温度（主被控变量）升高时，都需要关小控制阀，所以主控制器 TC 应选"反"作用。

由于副对象特性为"+"（蒸汽流量因阀开大而增加），阀特性也为"+"，故副控制器（蒸汽流量控制器）应为"反"作用。

② 若冷水流量波动是主要干扰，应采用干燥温度与冷水流量的串级控制系统。应选择冷水流量作为副变量，以及时克服冷水流量波动对干燥温度的影响。控制阀应选择气关式，这样一旦气源中断时，控制阀打开，冷水流量加大，以防止干燥温度过高。由于冷水流量（副被控变量）增加时，需要关小控制阀；而干燥温度增加时，需要打开控制阀。主、副被控变量增加时，对控制阀的动作方向不一致，所以主控制器 TC 应选"正"作用。由于副对象为"+"，阀特性是"-"，故副控制器（冷水流量控制器）应选"正"作用。

③ 若冷水流量与蒸汽压力都经常波动，由于它们都会影响加热器的热水出口温度，所以可选用干燥温度与热水温度的串级控制系统，以干燥温度为主变量，热水温度为副变量。

在这个系统中,蒸汽流量与冷水流量都可选作为操纵变量,考虑到蒸汽流量的变化对热水温度影响较大,即静态放大系数较大,所以这里选择蒸汽流量作为操纵变量,构成如图3-7所示的串级控制系统。由于干燥温度(主变量)和热水温度(副变量)升高时,都要求关小蒸汽阀,所以主控制器(干燥温度控制器)应选用"反"作用。由于蒸汽流量增加时,热水温度是升高的,副对象特性为"+",控制阀为气开式,为"+",故副控制器(热水温度控制器)应选"反"作用。

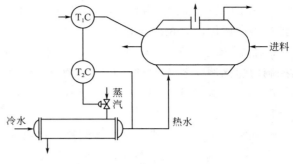

图 3-7 干燥器控制方案

3.2.4 串级控制系统的投运和参数整定

(1) 串级控制系统的投运

串级控制系统的投运方法很多,有"先副后主"的两步投运法,即先将副环投入自动后再投主回路;也有将主控制器直接投运的一步投运法,投运时要求和简单控制系统相同,并且必须保证每一步操作为无扰动切换。

这里以DDZ-Ⅲ型仪表组成的系统为例,采用先副回路后主回路的方式投运。

a. 将主、副控制器切换开关均置于手动位置,副回路处于外给定(主控制器始终为内给定)。

b. 用副控制器拨盘操纵控制阀,使生产处于要求的工况(主控制量接近设定值,工况稳定);然后用主控制器手动拨盘使副控制器的偏差为零;最后,将副控制器切换到"自动"位置。

c. 如果在主控制器切换到"自动"之前,主被控量的偏差接近"零",可以略微修正主被控量的设定值,使得其偏差为"零",将主控制器运行方式切换到"自动"位置,然后逐渐改变,使其恢复到设定值。

(2) 串级控制系统的参数整定

串级控制系统的参数整定就是确定主、副控制器的PID参数,以获得最佳的控制质量。

从整体上看,串级控制系统的主回路是一个定值控制系统,要求主被控变量有较高的控制精度,其品质指标与单回路定值控制系统一样。但副回路是一个随动系统,只要求副变量能快速准确地跟随主控制器的输出变化即可。因此串级控制系统中,对主、副控制器参数整定时的要求是截然不同的。在工程实践中,串级控制系统常用的整定方法有一步整定法和两步整定法等。下面就此做介绍。

① 两步整定法 所谓两步整定法,就是第一步整定副控制器参数,第二步整定主控制器参数。两步整定法的整定步骤:

a. 在工况稳定,主、副控制器都在纯比例作用的条件下,将主控制器的比例度先设置在100%,然后逐渐减小副控制器的比例度,求取副回路在4∶1衰减比过渡过程下的副控制器的比例度δ_{2s}和振荡周期T_{2s};

b. 在副控制器的比例度为 δ_{2s} 的条件下，把副回路作为主回路中的一个环节，逐步减小主控制器的比例度，在同样衰减比下，求取主控制器的比例度 δ_{1s} 和操作周期 T_{1s}；

c. 根据求得的 δ_{1s}、T_{1s}、δ_{2s}、T_{2s} 数值，按单回路系统衰减曲线法整定公式计算主、副控制器的比例度 δ、积分时间 T_i 和微分时间 T_d 的数值；

d. 按"先副后主""先比例后积分最后微分"的整定方法，将得到的控制器参数设置在控制器上；

e. 观察过渡过程曲线，做适当调整，直到系统质量达到最佳为止。

② 一步整定法　两步整定法需寻求两个 4∶1 的衰减振荡过程，比较费时。为了简化步骤，串级控制系统中主、副控制器的参数整定可以采用一步整定法。

所谓一步整定法，就是根据经验先将副控制器参数一次放好，不再变动，然后按一般单回路控制系统的整定方法，直接整定主控制器参数。

一步整定法的依据是：在串级控制系统中，一般来说，主变量是工艺的主要操作指标，直接关系到产品的质量，因此，对它的要求比较严格；而副变量的设置主要是为了提高主被控变量的控制质量，对副变量本身没有很高的要求，允许它在一定范围内变化。因此，在整定时不必把过多的精力用在副环上。只要把副控制器的参数置于一定数值即可，主要目的是使主变量达到规定的质量指标。虽然按照经验一次设置的副控制器 PID 参数不一定合适，但这可以通过调整主控制器的放大倍数来进行补偿，最终仍然可以使主被控变量呈现 4∶1 衰减振荡过程。

经验证明，这种整定方法对于主被控变量精度要求较高，而对副变量没有什么要求或要求不严且允许它在一定范围内变化的串级控制系统来说，是很有效的。

人们通过长期的实践和大量的经验积累，总结得出在不同的副被控变量情况下，副控制器参数可按表 3-1 所给出的数据进行设置。

表 3-1　副控制器比例度经验值

副被控变量类型	温度	压力	流量	液位
比例度/%	20~60	30~70	40~80	20~80

一步整定法的具体步骤如下：

a. 副控制器为纯比例作用，根据副被控变量的类型，按照表 3-1 的经验数据选好副控制器参数，并将其放在副控制器上；

b. 将串级控制系统投运后，利用简单控制系统中任一种参数整定方法整定主控制器的参数；

c. 如果出现"共振"现象，可加大主控制器或减小副控制器的参数整定值，一般即能消除。

3.2.5　温度和流量的串级控制系统的实施

(1) 控制系统的信号连接

控制系统的信号连接示意图见图 3-8。

项目三 串级控制系统设计

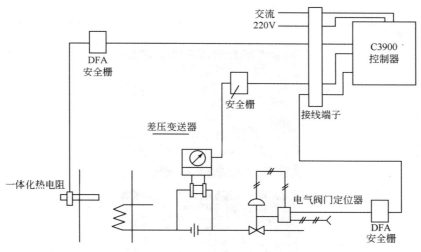

图 3-8 控制系统的信号连接示意图

(2) 仪表的选型

① 一体化铂热电阻,分度号为 Pt100;测温范围为 −200～650℃。

② 主、副控制器采用 C3900 控制器,主控制器采用 PID 控制规律,反作用,内给定;副控制器采用 P 或者 PI 控制规律,外设定,反作用。

③ 标准孔板由蒸汽流量数据而定。

④ EJA 差压变送器与孔板数据相配套。

⑤ SIPART PS2 电气智能西门子阀门定位器。

⑥ HA2R 川仪气动薄膜控制阀,气开阀。

⑦ 组成安全火花型防爆系统需加输入、输出安全栅。

(3) 控制系统仪表接线图

根据选择的仪表,按控制方案及信号连接图进行接线。

(4) 控制系统组态

选工程师组态权限,设置基本信息,进入基本通道的设置,进行组态操作,具体步骤见表 3-2。

表 3-2 串级控制系统组态步骤

步骤	图片说明	备注
1. AI02 用于温度测量通道组态		

续表

步骤	图片说明	备注
2. AI03 用于流量测量通道组态		
3. PID01 用于主控制回路组态		主回路控制器选择反作用方式
4. PID02 用于副控制回路组态		副回路控制器选择反作用方式
5. AO01 用于输出信号组态		
6. 系统通电后,主控制器 PID01 和副控制器 PID02 已经都预置为手动(M)状态,在控制画面中手动调节 PID02 的 MV_2,使得 PV_1 到达设定值		
7. 将 PID02 由手动切换到自动状态(A/M→A),进入调整画面,调整其 PI 参数,使回路稳定		
8. 手动调节 PID01 的 MV_1 值,使得 $MV_1=SV_2$,然后将 PID02 由内给定状态切换到外给定状态(L/R→R)		
9. 在控制画面将主控制器 PID01 由手动(M)状态切换到自动(A)状态(A/M→A)		
10. 适当调节 PID01 的 SV_1 值到合适的工作值,进入调整画面,设置 PID 参数,使回路达到稳定状态		

用 C3900 控制器能方便地组成串级控制系统,从而进行无扰动切换操作。在实现仪表外给定工作时,控制器的内设定值能自动跟踪外设定值,用于需要经常进行外→内设定切换的场合。使用本仪表后,可无平衡、无扰动地进行外给定转换为内给定操作。控制器输出跟

踪外部输入的"跟踪信号"的变化，即用在串级控制系统中作主控制器时，在副环先投入自动，主控制器的输出可自动跟踪副控制器的设定值。

由于蒸汽流量增加时，热水温度是升高的，副对象特性为"＋"，控制阀为气开式，为"＋"，故副控制器（热水温度控制器）应选"反"作用。

项目小结

本项目重点介绍了工业上应用较多的串级控制系统的构成原理、应用特点、设计实施、投运操作及参数整定的详细过程。

思考与习题

3-1 串级控制系统有哪些特点？主要使用在哪些场合？

3-2 为什么说串级控制系统中的主回路是定值控制系统，而副回路是随动控制系统？

3-3 串级控制系统中主、副变量应如何选择？

3-4 怎样选择串级控制系统中主、副控制器的控制规律？

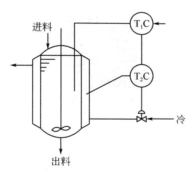

图 3-9 反应器温度控制系统

3-5 某反应器内进行放热反应，反应器温度过高会发生事故，为此采用夹套水冷却。由于釜温控制要求较高，且冷却水压力、温度波动较大，故设置控制系统如图 3-9 所示。问：

① 这是什么类型的控制系统？试画出其方块图，说明其主变量和副变量。

② 选择控制阀的气开、气关形式。

③ 选择控制器的正、反作用。

④ 选择主、副控制器的控制规律。

⑤ 如主要干扰是冷却水的温度波动，试简述其控制过程。

⑥ 如主要干扰是冷却水压力波动，试简述其控制过程，并说明此时可如何改进控制方

案以提高控制质量。

3-6 图 3-11 所示的换热器采用蒸汽加热工艺介质，要求介质出口温度达到规定的控制指标。试分析下列情况下应选择哪一种控制方案，并画出带控制点的流程图与方块图。

① 介质流量 G_F 与蒸汽阀前压力 P_V 均比较稳定；

② 介质流量 G_F 比较稳定，但压力 P_V 波动较大。

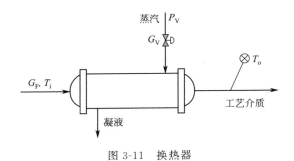

图 3-11 换热器

3-7 串级控制系统主、副控制器参数工程整定的两步整定法与一步整定方法有什么不同？一步整定法的依据是什么？

3-8 某串级控制系统采用两步整定法整定控制器参数，测得 4∶1 衰减过程的参数为：$\delta_{1s}=8\%$，$T_{1s}=100s$；$\delta_{2s}=40\%$，$T_{2s}=10s$。若已知主控制器选用 PID 规律，副控制器选用 P 规律。试确定主、副控制器的参数为多少？

项目3 参考答案

项目四

均匀、比值、分程、选择、前馈控制系统设计

在复杂控制系统中,除串级控制外,根据不同的工艺要求,为保障生产工艺安全平稳地运行,需要不同工况下选择不同的控制方案。如在石油化工生产中,为保障生产过程的稳定,常需要进料前后稳定、物料按比例混合、对可测不可控的干扰进行超前控制或控制中需要一台控制器的输出控制若干个控制阀。

通过对本项目中复杂控制系统的学习,培养学生诚信、勤勉等职业素养与工程性思维,使学生深刻领会团队协作的重要性。

项目目标

① 掌握精馏塔液位与流量的均匀控制。
② 掌握丁烯洗涤塔工艺中两种物料的比值控制。
③ 掌握间歇生产反应器的分程控制。
④ 掌握换热器的前馈控制。
⑤ 掌握液氨蒸发器的选择控制。

项目实施

任务 4.1 均匀控制系统的设计

4.1.1 分析均匀控制的目的与要求

某精馏塔的液位与流量均匀控制系统如图 4-1 所示。对于精馏塔甲和乙,希望塔甲的液位稳定,同时又希望塔乙的进料量稳定,对于单个塔,可以单独设计各自的控制系统,但对

于前一塔的塔底出料作为后一塔的进料来说,就会出现关联。如塔甲在操作时,塔底液位偏高,则必须要增加塔底采出量,使液位恢复正常,而塔甲采出量就是塔乙的进料量,必然使塔乙的进料量发生波动。这样,塔甲操作是稳定了,但塔乙的稳定操作随之发生困难。前后有物料联系的精馏塔就会出现矛盾。

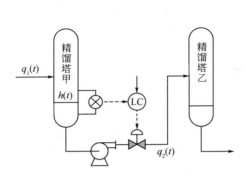 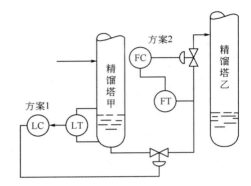

图 4-1 精馏塔液位与流量均匀控制系统　　　图 4-2 精馏塔前后物料供求关系

解决这种关联的办法:从工艺设计上,在塔甲出料和塔乙入料之间增设中间贮槽,以缓和它们之间的矛盾。但某些中间产品如果停留时间过长,会造成产品的分解或者自聚,影响产品的质量;另外,如果增加容器设备,则造成投资增加,占地面积增加。所以一般不推荐采用设置中间容器的方法。

那么,另一个解决的办法是相互兼顾,即在整个精馏塔的操作过程中,精馏塔的塔底液位允许有少量的变化,当然两者的变化应该是缓慢的,即这种扰动幅度并不大,扰动的形式是缓慢平稳的,这在工艺操作上是允许的。基于这种指导思想,出现了均匀控制系统。

均匀控制的目的是保证两个工艺参数在各自规定的范围内均匀缓慢地变化,并使设备前后在物料的供求方面相互兼顾、相互协调。

图 4-2 所示是两个精馏塔前后物料供求关系。

方案 1 是液位的简单控制系统。为了保持液位恒定,则塔甲的出料流量应大幅度变化,图 4-3(a) 是它的记录曲线。控制器除应选用比例积分控制规律外,在参数整定时,液位控制器的比例度应取较小值。

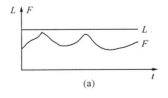 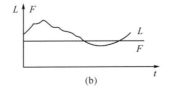 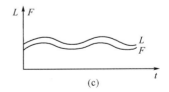

图 4-3 流量和液位参数不同要求时的记录曲线

方案 2 是流量控制系统,是从塔乙要求进料流量恒定来设计的。为了保持流量恒定,塔甲液位必将产生较大的变化,控制器应选用比例积分控制器,它的记录曲线如图 4-3(b) 所示。

显然,液位控制系统和流量控制系统都不满足工艺要求。只有图 4-3(c) 方案,即均匀控制系统的记录曲线是符合要求的。可见,流量和液位都做了适当让步,即液位升高时,让流量也相应缓慢增加,这样液位也有变化,但变化缓慢。

4.1.2 设计均匀控制方案

① 控制器选择比例积分控制规律。

② 为了满足均匀控制的要求,均匀控制在参数整定问题上要求有宽的比例度,在控制规律上不需要加入微分作用,因为微分作用对于输入信号的变化是十分敏感的,将使控制阀产生较大幅度的动作,从而破坏被控变量缓慢变化的要求。有时需加入反微分。控制器是否加入积分作用要根据具体情况而定。当连续出现同方向扰动,由于纯比例控制(比例度可能相当大),使过渡过程产生较大的余差累计后,可能超出工艺参数的极限范围,引入积分作用可以避免上述情况的产生。控制器的比例作用是最基本的,在均匀控制系统中需要有更宽的比例度和更长的积分时间。

4.1.3 设计简单均匀控制系统

图 4-4 是精馏塔塔顶冷凝贮罐液位和馏出液流量的均匀控制系统,馏出液送下一精馏塔继续加工。它是一个简单结构的均匀控制系统,和以前讨论的定值控制系统并无区别。从工艺上看,它对液位和流量都有一定的要求。若工艺上塔顶馏出液是最终产品,送成品贮罐,且对流量无任何要求时,它就成为液位定值控制系统。就结构而言,容易造成人们的误解,它有两个被控变量,因此被认为是一种复杂控制系统。

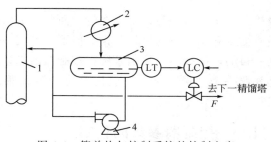

图 4-4 简单均匀控制系统的控制方案
1—精馏塔;2—换热器;3—冷凝罐;4—回流泵

4.1.4 设计串级均匀控制系统

(1) 方案的设计

对于精馏塔塔底液位和采出量,当存在其他扰动因素影响采出量时,可组成一个流量副回路,采用液位对流量串级控制的方式。图 4-5 是精馏塔塔底液位和采出量的串级均匀控制系统。从结构上看,增加了一个流量的副回路,是典型的串级控制系统结构,但实现的是均匀控制,也有人称之为复杂结构的均匀控制系统,就是为了避免和串级相混淆。

(2) 方案的实现

为了实现均匀控制系统对液位和流量两参数缓慢变化的要求,流量控制器可选比例积分控制规律。一般流量控制器参数整定范围为 $100\% \sim 200\%$,T_i 为 $0.1 \sim 1 \mathrm{min}$。液位控制器的控制规律和简单均匀控制相同。

从系统的方块图可以看出,串级均匀控制系统与一般的串级控制系统在结构上是相同的,都是由两个控制器串接工作的,都有两个变量(主变量与副变量),构成两个闭环系统。

串级均匀控制系统与一般的串级控制系统的差别主要在于控制目的是不相同的。一般串

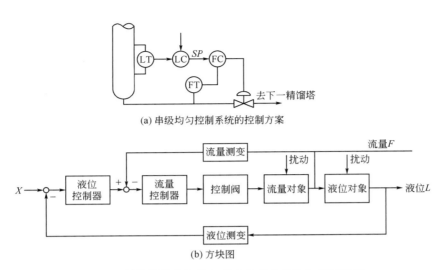

图 4-5 精馏塔塔底液位与采出量的串级均匀控制系统

级控制系统的目的是稳定主变量,而对副变量没有什么要求,但串级均匀控制系统的目的是使主变量和副变量都比较平稳,但不是不变的,只是在允许的范围内缓慢地变化。为了实现这一目的,串级均匀控制系统在控制器的参数整定上不能按 4∶1(或 10∶1)衰减整定,而是强调一个"慢"字,一般比例度的数值很大,如需要加积分作用时,一般积分时间也很长。

4.1.5 控制器参数的整定

均匀控制系统:在一定范围内缓慢变化的振荡过程。均匀控制系统在结构上与简单控制系统、串级控制系统相同。

要实现均匀控制的要求,除了控制器的选择按均匀控制考虑以外,参数整定是关键。

简单均匀控制系统的参数整定可以按照单回路控制系统的整定方法进行,只是应注意比例度要宽、积分时间要长,最终使液位和流量都在工艺要求的一定范围内均匀缓慢地变化。

串级均匀控制系统的参数整定方法,首先根据经验给主、副控制器设置一个适当的参数,然后由小到大进行调整,使被控变量的过渡过程曲线呈现缓慢的周期性衰减过程,其具体步骤如下。

① 先将主控制器的比例度置于估计不会引起液位超越的经验值上,观察记录曲线,然后对副控制器的比例度由小到大进行调整,直到液位的最大波动接近并稍小于工艺允许范围时,副被控变量呈现缓慢的周期性衰减过程为止。

② 已整定好的副控制器的比例度不变,由小到大调整主控制器的比例度,直到主被控变量呈现缓慢的周期性衰减过程为止。

图 4-6 是均匀控制系统比例度不同时的过渡过程曲线。图 4-6(a) 控制器比例度偏小,控制作用较强,液位波动较小,和规定的质量指标相比,具有较大的调整余地。图 4-6(c) 则反之,控制器比例度偏大,控制作用太弱,造成液位不能满足质量指标的要求。图 4-6(b) 所示控制器的比例度合适,液位过渡过程曲线接近工艺允许上限(下限)质量指标,而流量的波动也比较平稳。

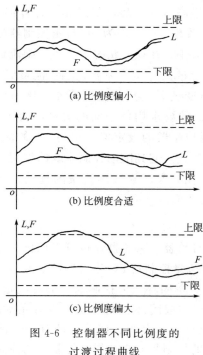

图 4-6 控制器不同比例度的过渡过程曲线

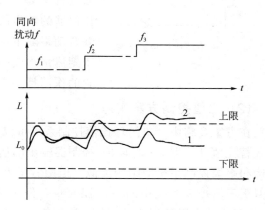

图 4-7 有无积分作用时的过渡过程曲线

③ 根据对象的具体情况，为了防止同向扰动造成被控变量出现的余差超过允许范围，可适当加入积分作用。图 4-7 所示为同向扰动作用下，有无积分作用时的过渡过程曲线。曲线 2 表明控制器无积分作用，在过渡过程结束后，产生余差，未能回到设定值，在新的扰动作用下，产生新的过渡过程，造成偏离设定值越来越大，最终超出上限液位，而不能满足工艺的要求。曲线 1 是控制器带有积分控制规律，且控制器积分时间设置合理时，在相同扰动的情况下，过渡过程结束后，被控变量液位回复到设定值 L_0 处，在新的扰动下，从 L_0 处开始新的过渡过程，它的过渡过程在工艺规定的上限、下限液位之间，满足控制系统质量指标的要求。

任务 4.2 比值控制系统的设计

4.2.1 选择主物料和副物料

在丁烯洗涤塔工艺中，要保持两种物料的比值关系，必有一种处于主导地位，这种物料称为主流量或主动物料，用符号"F_1"表示，如含乙腈的丁烯馏分料为主动物料；另一种物料则跟随主动物料变化，并能保持流量比值关系的称为从动物料，以符号"F_2"表示，如洗涤水为从动物料。

4.2.2 设计比值控制方案

(1) 设计单闭环比值控制系统

单闭环比值控制系统如图 4-8 所示。它具有一个闭合的副流量控制回路，故称单闭环比

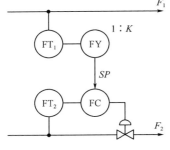

图 4-8 单闭环比值控制系统

值控制系统。主流量 F_1 经测量变送后，经过比值计算器 FY 设置比值系数（乘以某一系数）后，作为 FC 流量控制器的设定值，并控制流量 F_2 的大小。在稳定状态下，主、副流量满足工艺要求的比值，即 $k=F_2/F_1$ 为一常数。当主流量 F_1 变化时，其流量信号经测量变送后送到比值计算器，比值计算器的任务是将工艺比值 k 的要求用信号间的关系固定下来。比值器的输出信号作为副控制器的设定值，控制 F_2 的流量，并自动跟随主流量 F_1 而变化，起到随动控制系统的作用。由于副流量构成一个控制回路，及时克服副流量的扰动，这时它的作用是一个定值控制系统。

（2）比值控制方案实施

在方案实施中，单闭环比值控制系统可以采用比值计算器、乘法器，也可以用比例控制器代替比值计算器 FY，即 F_1 控制器输出的信号送给副流量控制器 FC 作为外设定值。这种结构和串级控制系统的结构类似，但两者千万不能混淆。单闭环比值控制系统的主流量 F_1 相似于串级控制系统中的主被控变量，但主流量并没有构成闭环控制系统，没有主对象，F_2 的变化并不影响到 F_1。尽管它也有两个控制器，但只有一个闭合回路。还有一个区别是，在串级控制系统中，主被控变量能够较好地按要求的控制品质来选择主控制器的控制规律和整定控制器的参数，而在比值控制系统中，替代比值计算器的控制器也是接收主流量 F_1 的测量信号，其输出信号作为副流量控制器 FC 的外设定值，但主流量控制器必须按比值系数的要求设置比例度的大小，一经设置不得变动。

4.2.3 计算比值系数 K

在比值控制方案中，为了满足工艺流量比值 $k=F_2/F_1$ 的要求，要对比值系数 K 进行计算，这是因为工艺流量比值要求是通过信号来传递的。由于在实施方案中可以采用相乘的方式，常用的是比值器或乘法器。在图 4-9 中，"×"的符号表示两个信号相乘的运算。如果系数 K 是一个常数，则比值器和乘法器均可采用。若比值系数 K 需要由主被控变量随时修正，则必须采用乘法器，因乘法器的 K 值可由输入乘法器的另一信号的变化来改变。主动物料流量 F_1 和从动物料流量 F_2 分别用孔板测量，经带开方器的差压变送器分别转换为电流信号 I_{F1} 和 I_{F2}，I_{F1} 和比值系数 K 信号相乘后，作为从动物料流量控制器的外设定值，即

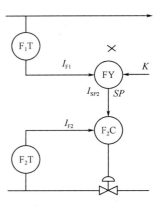

图 4-9 单闭环比值控制系统分析图

$$I_{SP2}=KI_{F1}$$

控制系统在稳定后测量应等于外设定值，即 $I_{F2}=I_{SP2}$，所以

$$I_{SP2}=KI_{F1}=I_{F2} \qquad (4-1)$$

因此比值系数 K 实现的是两个流量信号间的比值关系，显然它和工艺流量比值 $k=F_2/F_1$ 是相统一的。当外设定 I_{SP2} 保持不变时，从动物料流量组成定值控制系统，它的任务是克服从动物料流量的扰动，并保持稳定。当提量（或减量）时，流量 F_1 增加，相应的信号

I_{F1} 增大，乘以比值系数 K 后的输出信号 I_{SP2} 也相应增加，从动物料流量控制系统按随动控制系统原理工作，使测量值信号 I_{F2} 增加，即流量 F_2 增加，并保持工艺要求的比值关系。

(1) 用比值器组成比值控制方案

在单闭环比值控制系统中，电动比值器的输出信号为输入信号乘以一个常数 K，其实施方案如图 4-10 所示。Ⅲ型仪表信号为 4～20mA 或者 1～5V DC。

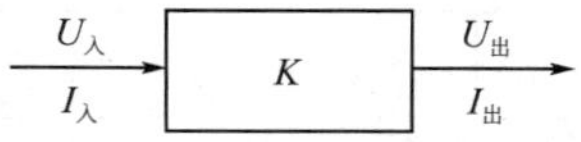

图 4-10 电动比值器原理图

电动比值器的输出、输入运算式为

$$I_{出} = (I_{入} - 4)K + 4 \quad (mA)$$

或者

$$U_{出} = (U_{入} - 1)K + 1 \quad (V) \tag{4-2}$$

式中，K 为比值器的比值系数，可在 0.3～3 的范围内设定。

比值器的输出信号为 4～20mA，将式（4-1）代入式（4-2）得

$$I_{SP2} = (I_{F1} - 4)K + 4 = I_{F2}$$

则

$$K = \frac{I_{F2} - 4}{I_{F1} - 4} \tag{4-3}$$

比值系数 K 和工艺流量比 $k = F_2/F_1$ 是不相同的，比值系数 K 是仪表用信号的方式实现的工艺流量比值 k，取决于流量和信号间的转换关系。当流量用孔板测量且使用开方器时，流量和输出信号间呈线性关系，或者当流量采用转子流量计、涡轮流量计等仪表测量变送时，流量在 $0 \sim F_{max}$ 范围内变化，对应的信号为 4～20mA，则任一流量 F 和对应的使用开方器后的输出信号 I_F 间的关系为

$$I_F = \frac{I_{max} - I_{min}}{F_{max}} \times F + I_{min} \quad (mA) \tag{4-4}$$

式中 F，F_{max}——测量范围内的任一流量和仪表的最大量程，m^3/h；

I_F——对应流量为 F 时的测量（电流）信号，mA；

I_{max}，I_{min}——电动仪表的信号上限、下限，mA。

整理后得

$$K = \frac{I_{F2} - 4}{I_{F1} - 4} = \frac{\left(\frac{16}{F_{2max}} \times F_2 + 4\right) - 4}{\left(\frac{16}{F_{1max}} \times F_1 + 4\right) - 4}$$

$$= \frac{F_2}{F_1} \times \frac{F_{1max}}{F_{2max}} = k\frac{F_{1max}}{F_{2max}} \tag{4-5}$$

式（4-5）说明，在比值器上设定的比值系数 K 取决于工艺流量比 k 和主动、从动物料仪表的量程。需要说明的是，设定时希望比值器的比值系数 K 设置在 $K=1$ 附近，即在比值计算器可调整系数的中间位置。唯有这样，当工艺上比值 k 需要在一定范围内变化，或者主动物料流量在最小到最大范围内变化时，比值器的输出信号，即从动物料流量的设定值信号不超出电动仪表的 4～20mA。反之，当计算中比值系数 K 超出上限（或者下限）时，流量比值要求在仪表中无法设置，当比值系数 K 接近或者等于极限时，其调整十分困难。

工艺流量比值 k 是工艺数据，不能变动的。唯一可以调整的是主动物料、从动物料流量标

尺 F_{1max}、F_{2max}，也就是说，在确定 F_{1max} 和 F_{2max} 时，要根据比值系数 K 值计算的需要。

(2) 用乘法器组成的比值控制方案

由于乘法器可实现乘常系数及进行两输入信号相乘的运算，所以可用它组成定比值和变比值控制系统。图 4-11 所示为用电动乘法器组成的比值控制系统的实施方块图。其中图 (a) 是单闭环定比值控制系统，它和采用比值器的方案相比，需要增添电动恒流源的仪表，并用它的输出 I_B

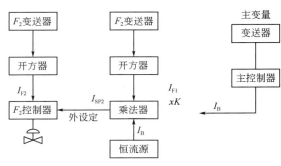

图 4-11 比值控制系统采用乘法器的方案

来设定仪表乘以一个常数的任务。图 4-11 中 (b) 是变比值控制系统，它的比值系数设置由主控制器输出来设置，即由主被控变量的情况决定两流量之间的工艺比值关系。

电动Ⅲ型乘法器的输入、输出计算式为

$$I_{出} = \frac{(I_{入1}-4)(I_{入2}-4)}{16} + 4 \quad (mA)$$

和采用比值器的计算式相比，则

$$K = \frac{I_B - 4}{16} \quad (4-6)$$

式中 K——比值系数；

I_B——恒流源的输出信号，mA。

当比值系数 K 用恒流源的输出 I_B 来设置时，I_B 的计算公式为

$$I_B = 16 \times K + 4 \quad (mA) \quad (4-7)$$

当使用开方器且流量和信号间存在线性关系时，I_B 的计算公式为

$$I_B = 16 \times k \frac{F_{1max}}{F_{2max}}$$

$$= 16 \times \frac{F_2}{F_1} \times \frac{F_{1max}}{F_{2max}} + 4 \quad (mA) \quad (4-8)$$

在比值控制系统中，主动物料流量和从动物料流量标尺选择的原则为：当比值控制系统采用乘法器实施时，因乘法器的输出信号采用DDZ-Ⅲ型仪表时在 4~20mA，故从式 (4-8) 可见，其比值系数 K 不能大于 1，即

$$K = k \frac{F_{1max}}{F_{2max}} \leqslant 1$$

为了使主、副流量的比值 k 在可变范围 $k_{min} \sim k_{max}$ 内，比值系数 $K \leqslant 1$，要求在选择量程时满足

$$F_{2max} \geqslant k_{max} F_{1max} \quad (4-9)$$

式 (4-9) 说明，在设计比值控制系统时，选用从动物料流量标尺 F_{2max} 必须按式 (4-9) 的条件来确定。

(3) 设计双闭环比值控制系统

为了克服主动物料量不受控制的缺点，在单闭环比值控制系统的基础上，增加主动物料流量 F_1 的闭环定值控制系统，构成双闭环比值控制系统。如图 4-12 所示，在烷基化装置中进入反应器的异丁烷-丁烯馏分要求按比例配以催化剂硫酸，并要求各自的流量也较稳定。由此可见，主动物料流量 F_1 即为简单控制系统，F_1 的流量测量信号经比值器计算后，其输出信号作副流量控制器 FC_2 的外设定值，副流量 F_2 也组成闭环系统。显然，当外设定值不变时，它按定值控制系统工作，克服进入副回路的扰动，而当设定值变化时，副流量 F_2 按随动控制系统工作，尽快跟上主物料流量的变化，在稳定后，保证主物料、副物料流量的比值保持不变。

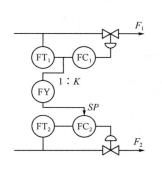
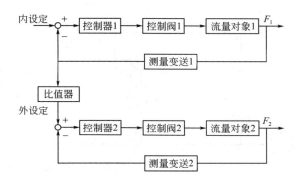

图 4-12 双闭环比值控制系统

双闭环比值控制除了能克服单闭环比值控制的缺点外，另一个优点是提降负荷比较方便，只要缓慢地改变主流量控制器的内给定，就可增减主流量，同时副流量也就自动地跟踪主流量进行增减，并保持两者比值不变。有的工厂，采用两个独立的流量控制系统分别稳定主物料、副物料流量，通过人工方法保持两者比值恒定，即人工操作。和上述方案相比，仅省了比值器，但在工艺操作上极其麻烦，尤其在频繁增量、减量时，容易产生事故。双闭环比值控制系统所用设备较多，投资高，仅在比值要求较高的场合使用。

4.2.4 设计变比值控制系统

变比值控制系统是串级控制系统和比值控制系统的组合，如图 4-13 所示，称为串级比值控制系统。前述的几种比值控制系统中，主动物料量 F_1 和从动物料量 F_2 间的比值 $k = F_2/F_1$，是通过比值器的比值系数 K 的设置实现的（或者通过改变内设定来实现的）。一旦 K 值确定，系统投入运行后，主、副物料流量的比值 k 将保持不变。若生产上因某种需要微调流量比值时，需人工重新设定比值系数 K，因此称为定比值控制系统。

当系统中存在着除流量扰动外的其他扰动时，如温度、压力、分成和反应器中的触媒衰老等，其扰动的性质是随机的，幅度也不同，因此无法用人工方法去改变比值系数，定比值控制就不能适应这种工艺的需要，为

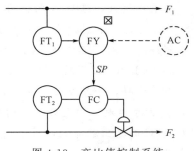

图 4-13 变比值控制系统

此设计了按工艺指标自行修正比值系数的比值控制系统,称为变比值控制系统。它由串级控制系统和比值控制系统组合而成,在串级控制系统中亦可称为串级比值控制系统。图 4-14 所示为采用乘法器组成的串级比值控制系统。主动物料 F_1 和从动物料 F_2 在混合器中混合后,进入反应器并生成第三种化学产品。反应器的温度为串级控制系统的主被控变量,温度控制器(主控制器)的输出信号 I_B 经过乘法器运算后的信号,作为 F_2 流量控制器的外设定信号,副流量 F_2 作串级控制系统的副被控变量,它和主动物料 F_1 组成比值控制系统。当 I_B 保持不变时,组成定比值控制系统,其 F_2/F_1 的比值和 I_B 相一致。当 I_B 随主被控变量温度的变化而改变时,流量比值随之变化,并和新的设定相一致,故为变比值控制系统。

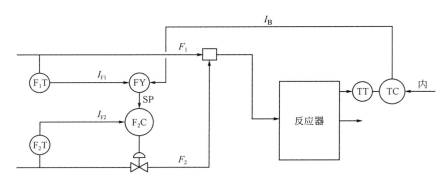

图 4-14 串级比值控制系统

案例 某化学反应器要求参与反应的 A、B 两种物料保持一定的比值,其中 A 物料供应充足,而 B 物料受生产负荷制约有可能供应不足。通过观察发现 A、B 两物料流量因管线压力波动而经常变化。该化学反应器的 A、B 两物料的比值要求严格,否则易发生事故。根据上述情况,要求:

① 设计一个比较合理的比值控制系统,画出控制方案图与方块图;
② 确定控制阀的气开、气关形式;
③ 选择控制器的正、反作用。

解 ① 因为 A、B 两物料流量因管线压力波动而经常变化,且对 A、B 两物料的流量比值要求严格,故应设计双闭环比值控制系统。由于 B 物料受生产负荷制约有可能供应不足,所以应选择 B 物料为主动物料,A 物料为从动物料,根据 B 物料的实际流量值来控制 A 物料的流量,这样一旦主物料 B 因供应不足而失控,即控制阀全部打开尚不能达到规定值时,尚能根据这时 B 物料的实际流量值去控制 A 物料的流量,而始终保持两物料的流量比值不变。如果反过来,选择 A 物料为主物料,就有可能在 B 物料供应不足时,控制阀全部打开,B 物料流量仍达不到按比值要求的流量值,这样就会造成比值关系失控,容易引发事故,这是不允许的。该比值控制系统的控制方案如图 4-15(a) 所示,方块图见图 4-15(b)。

② 由于 A、B 两物料比值要求严格,否则反应器易发生事故,所以两只控制阀都应为气开阀,这样,一旦气源中断,就停止供料,以保证安全。

③ 由于控制阀为气开阀,两只控制器 F_AC 和 F_BC 都应选"反"作用。这样,一旦流量增加,FC 的输出就降低,对于气开阀来说,其阀门开度就减小,使流量降低,起到负反馈的作用。

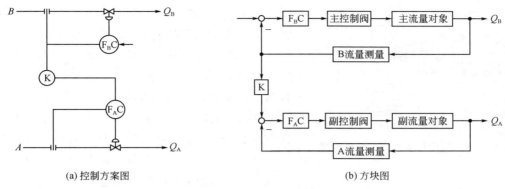

(a) 控制方案图　　　　　　　　　　　　(b) 方块图

图 4-15　比值控制系统

4.2.5　比值控制系统的投运和控制器参数的设定

比值控制系统在设计、安装并完成以后，就可以投入使用。它与其他自动控制系统一样，在投运以前必须对比值控制系统中所有的仪表，如测量变送单元、计算单元（根据计算结果设计好比例系数）、控制器和控制阀，以及电、气连接管线和引压管线进行详细的检查，合格无故障后，可随同工艺生产投入工作。以单闭环比值控制系统为例，副流量实现手动遥控，操作工依据流量指示，校正比值关系。待基本稳定后，就可进行手动-自动切换，使系统投入自动运行。投运任务与串级控制系统的副环投运自动相同。需要特别说明的是，系统投运前，比值系数不一定要精确设置，它可以在投运过程中逐步校正，直至认为比值合格为止。

在运行时，控制器参数的整定成为相当重要的问题，如果参数整定不当，即使是设计、安装等都合理，系统也不能正常运行。所以，选择适当的控制器参数是保证和提高比值控制系统控制质量的一个重要的途径，这和其他控制系统的要求是一致的。

在比值控制系统中，由于构成的方案和工艺要求不同，参数整定后其过渡过程的要求也不同。对于变比值控制系统，因主变量控制器相当于串级控制器系统中的主控制器，其控制器应按主被控变量的要求整定，且应严格保持不变。对于双闭环比值控制系统中的主物料回路，可按单回路流量定值控制系统的要求整定，即受到干扰作用后，既要有较小的超调，又能较快地回到设定值，其控制器在阶跃干扰作用下，被控变量应以（4～10）∶1 衰减比为整定要求。

但对于单闭环比值控制系统、双闭环的从动物料回路、变比值控制系统的副回路来说，它实质上是一个随动控制系统，即主流量变化后，希望副流量跟随主流量做相应的变化，并要求跟踪得越快越好，即副流量 F_2 的过渡过程在振荡与不振荡的边界为宜。它不应该按定值控制系统 4∶1 衰减曲线要求整定，因为在衰减振荡的过渡中，工艺物料比 k 将被严重破坏，有可能产生严重的事故。

任务 4.3　分程控制系统的设计

4.3.1　分程控制系统的组成

一个控制器同时带动几个控制阀进行分程控制动作，需要借助于安装在控制阀上的阀门

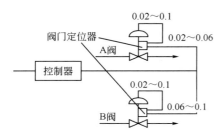

图 4-16 用阀门定位器来实现分程控制

定位器来实现，如图 4-16 所示。阀门定位器分为气动阀门定位器和电-气阀门定位器。将控制器的输出信号分成几段信号区间，不同区间内的信号变化分别通过阀门定位器去驱动各自的控制阀。例如，有 A 和 B 两个控制阀，要求控制器输出信号在 4～12mA DC 变化时，A 阀做全行程动作。这就要求调整安装在 A 阀上的电-气阀门定位器，使其对应的输出信号压力为 20～100kPa。控制器输出信号在 12～20mA DC 变化时，通过调整 B 阀上的电-气阀门定位器，使 B 阀也正好走完全行程，即在 20～100kPa 全行程变化。按照以上条件，当控制器输出在 4～20mA DC 变化时，若输出信号小于 12mA DC，则 A 阀在全行程内变化，B 阀不动作；而当输出信号大于 12mA DC 时，则 A 阀已达到极限，B 阀在全行程内变化，从而实现分程控制。

4.3.2 分程控制的实现

分程控制系统中控制器的输出信号分段是由附设在控制阀上的阀门定位器来实现的。分程控制系统根据控制阀的气开、气关形式可分为两类：一类是阀门同向动作，即随着控制器的输出信号增大或减小，阀门都逐渐开大或逐渐关小，如图 4-17 所示；另一种类型是阀门异向动作，即随着控制器的输出信号增大或减小，阀门总是按照一个逐渐开大而另一个逐渐关小的方向进行，如图 4-18 所示。分程阀同向或异向的选择问题，要根据生产工艺的实际需要来确定。

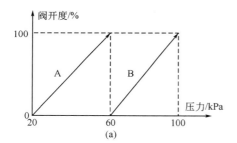
(a)

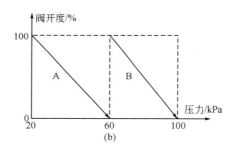
(b)

图 4-17 控制阀分程动作同向

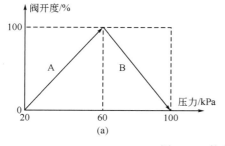
(a)

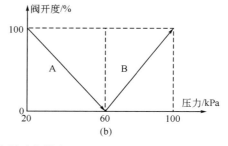
(b)

图 4-18 控制阀分程动作异向

4.3.3 分程控制的应用

(1) 扩大控制阀的可调范围，改善控制质量

现以某厂蒸汽压力减压系统为例，锅炉产气压力为 10MPa，是高压蒸汽，而生产上需要的是 4MPa 平稳的中压蒸汽。为此，需要通过节流减压的方法，将 10MPa 的高压蒸汽节流减压成 4MPa 的中压蒸汽。在选择控制阀口径时，如果选用一台控制阀，为了适应大负荷下蒸汽供应量的需要，控制阀的口径要选择得很大。然而，在正常负荷下所需蒸汽量却不大，这就需要将控制阀控制在小开度下工作。因为大口径控制阀在小开度下工作时，除了阀特性会发生畸变外，还容易产生噪声和振荡，这样就会使控制效果变差，控制质量降低。因此可选用两个同向动作的控制阀构成分程控制方案，如图 4-19 所示。

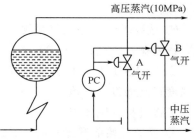

图 4-19 蒸汽减压系统分程控制方案

在该分程控制方案中，采用了 A、B 两个同向动作的控制阀（根据工艺要求均选择为气开式），其中 A 阀在控制器输出信号压力为 0.02～0.06MPa 时从全闭到全开，B 阀在控制器输出信号压力为 0.06～0.10MPa 时从全闭到全开，见图 4-17(a)。这样，在正常情况下，即小负荷时，B 阀处于关闭状态，只通过 A 阀开度的变化来进行控制；当大负荷时，A 阀已经全开，但仍不能满足蒸汽量的需求，这时 B 阀也开始打开，以弥补 A 阀全开时蒸汽供应量的不足。

在某些场合，控制手段虽然只有一种，但要求操纵变量的流量有很大的可调范围，如大于 100 以上。而国产统一设计的控制阀的可调范围最大也只有 30，满足了大流量就不能满足小流量，反之亦然。为此，可采用大、小两个阀并联使用的方法，在小流量时用小阀，大流量时用大阀，这样就大大扩大了控制阀的可调范围。

设大、小两个控制阀的最大流通能力分别是 $C_{A\max}=100$，$C_{B\max}=4$，可调范围 $R_A=R_B=30$。因为

$$R = \frac{\text{阀的最大流通能力}}{\text{阀的最小流通能力}} = \frac{C_{\max}}{C_{\min}} \tag{4-10}$$

所以，小阀的最小流通能力：$C_{B\min}=C_{B\max}/R=4/30\approx 0.133$。

当大、小并联组合在一起时，阀的最小流通能力为 0.133，最大流通能力为 104，因而调节器的可调范围为

$$R_T = \frac{C_{A\max}+C_{B\max}}{C_{B\min}} = \frac{104}{0.133} \approx 782 \tag{4-11}$$

这样分程后调节阀的可调范围比单个调节阀的可调范围增大了约 25 倍，大大地扩展了可调范围，从而提高了控制质量。

采用两个流通能力相同的控制阀构成分程控制系统，其控制阀可调范围比单只控制阀进行控制时的可调范围扩大一倍。控制阀的可调范围扩大了，可以满足不同生产负荷的要求，而且控制的精度提高，控制质量得以改善，生产的稳定性和安全性也可进一步得以提高。

(2) 用于控制两种不同的介质，以满足生产工艺的需要

某化工厂间歇生产的反应器，当配完反应所需物料后，需加热升温，以达到化学反应温度，待化学反应开始后，由于合成反应是一个放热反应，需及时移走反应热，以保证合成产品质量，否则由于连锁反应以致引起爆炸事故。工艺上通入蒸汽进行加热，通入冷水进行降温，要求全过程自动控制反应器的温度，如图 4-20 所示。

分析如下：

① 按要求配比好原料并放入反应器，开始时温度达不到反应要求，需对其通以蒸汽加热，诱发化学反应；

② 当达到反应温度并开始反应后，会产生大量的反应热，需及时地移走热量，否则会因温度过高而发生危险。

工作过程（图 4-21）：

① 反应开始前升温阶段→$T_{测}$＜给定值→TC↑→A 阀↓→（A 阀全关时）B 阀↑→蒸汽加热，T↑→达到反应温度时，反应开始；

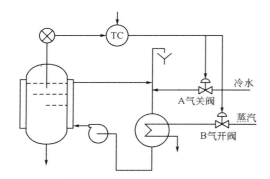
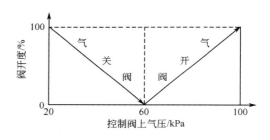

图 4-20　反应器温度分程控制系统　　　图 4-21　反应器温度控制分程阀动作图

② 反应开始后 T↑→$T_{测}$＞给定值→TC↓→B 阀↓→（B 阀全关时）A 阀↑→T↓，冷却水把反应热带走，使反应釜温度恒定，反应继续进行。

(3) 用作生产安全的防护措施

在炼油或石油化工厂中，有许多存放各种油品或石油化工产品的贮罐。这些油品或化工产品不宜与空气长期接触，因为空气中的氧气会使其氧化而变质，甚至会引起爆炸。为此，常采用在贮罐罐顶充以惰性气体（氮气）的方法，使油品与外界空气隔离。这种方法通常称为氮封。

为了达到这种控制目的，可采用如图 4-22 所示的贮罐氮封分程控制系统。本方案中，氮气进气阀 B 采用气开式，而氮气排放阀 A 采用气关式。控制器选用反作用的比例积分（PI）控制规律。

分析　如图 4-23 所示，B 阀（充 N_2）采用气开式，A 阀（放空）为气关式，控制器为反作用。

① 向油罐注油时 p↑→PC↓（＜0.06MPa）→B 阀全关、A 阀开→p↓。

② 从油罐抽油时 p↓→PC↑（＞0.06MPa）→A 阀全关、B 阀开→p↑。

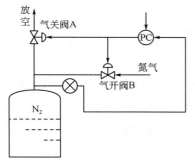 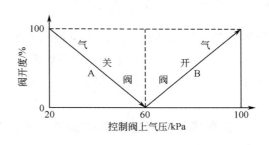

图 4-22 贮罐氮封分程控制系统　　　　图 4-23 控制阀分程动作图

③ 分程区间。为了保证安全，不使贮罐压力过高，能源中断时氮气阀 B 应该关闭，放空阀 A 打开，所以 A 阀应在小信号段，B 阀在高信号段。对于氮封分程控制系统而言，若把 A、B 两阀的分程区域交换，虽然它们能组成负反馈控制，但控制系统是不经济和不合理的。

分程区域中存在的间歇区，可以避免两阀的频繁开闭，以有效地节省氮气。因为一般贮罐顶部空隙较大，压力对象时间常数大，而压力控制的精度要求不高，存在一个间歇区（不灵敏区）是允许的。

4.3.4　控制器参数的整定

在分程控制系统中，当两个控制阀分别控制两个操纵变量时，这两个控制阀所对应的控制通道特性可能差异很大，即广义对象特性差异很大。这时，控制器的参数整定必须注意，需要兼顾两种情况，选取一组合适的控制器参数。当两个控制阀控制一个操纵变量时，控制器参数的整定与单回路控制系统相同。

任务 4.4　选择控制系统的设计

4.4.1　选择控制系统的作用及特点

选择性控制系统的基本设计思想，是把某些特殊场合下工艺过程操作所要求的控制逻辑关系叠加到正常的自动控制中。当生产过程趋于但尚未达到"危险"区域时（也可称为"安全软限"），通过选择器，把一个适用于此工况的备用控制器投入运行，自动取代正常工况下工作的控制器。当生产过程脱离"安全软限"而恢复到正常工况后，备用控制器自动脱离系统，正常工况下工作的控制器又自动接替它开始重新工作。这样的控制系统也叫作超驰控制系统或取代控制系统。选择控制系统在生产中起着软限保护的作用。

选择控制系统采用了称为高值（或低值）选择器的仪表，它接收两个输入信号并进行比较，将较大的（或较低的）输入信号值按原值输出。在控制方案中用 Y 表示，并在圆圈外用">"或"HS"表示高选器，用"<"或"LS"表示低选器。

4.4.2 选择控制系统的类型

选择控制系统的结构特点是构成控制系统的各环节中，必须包含有选择性功能的选择器。其选择器可在两个或多个控制器的输出端，或在多个变送器的输出端，对信号按预定的逻辑关系加以选择，以适应不同的工况，或防止因事故而开停车。因此，选择控制系统可分为下面几类。

(1) 选择器装在变送器和控制器之间，对被控变量进行选择

这类选择控制系统的特点是若干个测量变送器共用一个控制器，常用于下列场合。

① 选择测量信号最高值（或最低值） 图 4-24 所示为固定床反应器，在长期使用过程中，触媒活性会逐渐下降，这样反应器内的最高温度即热点温度位置会逐渐下移。为了防止反应器的温度过高烧坏触媒，必须根据热点的温度来控制冷却剂量，因而在触媒层的不同部位都装设温度检测元件，它们的输出信号经高值选择器（简称高选器）后去温度控制器，从而保证了触媒的安全使用和正常的生产。

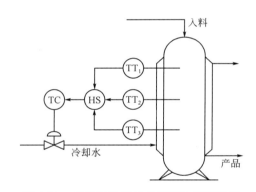
图 4-24　选择反应器热点温度的控制系统

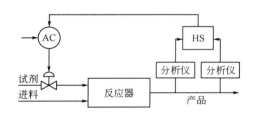
图 4-25　用选择器对成分仪表检测信号进行选择

② 选择可靠测量值　对于生产过程中特别重要的工艺参数，为了绝对安全、可靠，往往在同一个检测点安装多台变送器，通过选择器选出可靠信号值进行自动控制。如使用成分检测仪时，成分分析仪一般比其他仪表的可靠性差。在图 4-25 所示的系统中，采用了两台分析仪，用高值选择器来决定仪表信号的选取，所以万一其中一台分析仪出现偏低的故障时，仍然可以维持正常的控制作用。图中方案当然可能出现偏高故障的影响，但这里假定它不至于造成过大危害。

(2) 选择器装在控制器和控制阀之间，对控制器的输出信号进行选择

这种选择控制系统可以按工艺约束条件的要求，选择两个不同控制器的输出到同一个控制阀上去，以实现软保护。这类选择性控制系统所采用的控制器，一个为正常工作的控制器，另一个为工况异常情况下起取代作用的控制器，如下面的液氨蒸发器选择控制系统。

4.4.3　选择控制系统方案设计

液氨蒸发器是一个换热设备，在工业上应用极其广泛。它是利用液氨的气化需要吸收大量热量,以此来冷却被冷却物料(主物料)的。气氨送到制冷压缩机压缩,并经冷却水冷却后循环使用。为了防止制冷压缩机的损坏,严禁气氨中带液氨。工艺操作上,显然被冷却物料的出口温度为被控变量,以液氨流量为操纵变量组成温度简单控制系统,如图 4-26(a) 所示。当被冷却物料出口温度升高时,则温度控制器(正作用)输出增加,使控制阀(气开阀)开度增加,从而使液氨冷冻量增加,这样就有更多的液氨气化,吸收热量,使出口温度下降。这套系统属于正常情况下工作的温度自动控制系统。

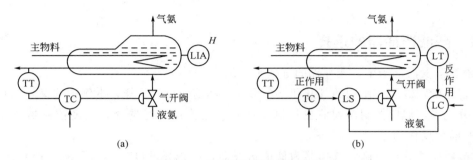

图 4-26 液氨蒸发器的控制方案

但是液氨的蒸发需一定的蒸发空间。当蒸发器内液氨液位正常时,有正常的蒸发空间;但当液位上升,使蒸发空间减少时,大量的液氨蒸发气化,使气氨中夹带部分液氨进入制冷压缩机,液氨会损坏压缩机叶片,影响压缩机的安全运行,严重时会造成事故。若液位继续上升而导致无蒸发空间时,液氨将不能气化,从而失去制冷效果,该液氨将直接进入压缩机,产生严重事故。

显然,简单控制系统的方案存在严重的不足,需要改进。

方案一 设置液位控制系统而取代温度控制系统。但是主物料出口温度和液位间无对应关系,不能保证出口温度,方案也就不能成立。

方案二 采用液位测量报警或者设计为联锁。当液位超过某一高度时报警,由操作人员处理,当液位继续升高到某一极限高度时,通过联锁切断液氨进料,待液氨蒸发器内液位恢复正常,报警停止后,打开液氨进料,恢复温度控制系统的正常工作。但这给操作带来极大的麻烦,在大规模生产中,很容易影响整个生产的进行。

根据以上分析,可做如下考虑:在正常工况下,由温度控制器操纵阀门进行温度控制;而当出现非正常工况,引起液氨的液位达到高限时,被冷却物料的出口温度即使仍偏高,但此时温度的偏离暂时成为次要因素,而保护压缩机不致损坏已上升为主要矛盾,于是液位控制器应取代温度控制器工作(即操纵阀门)。当引起生产不正常的因素消失,液位恢复到正常区域,此时又应恢复温度控制器的闭环运行,图 4-26(b) 即为液氨蒸发器选择控制系统的控制方案。图 4-27 是自动选择控制系统的方块图。由图可见,该系统有两个被控变量,即温度和液位。有两台控制器,通过选择器对两个输出信号的选择来实现对控制阀的两种控制方式。在正常工况下,应选择温度控制器输出信号;而当液位到达极限值时,则应选择液位控制器的输出信号。

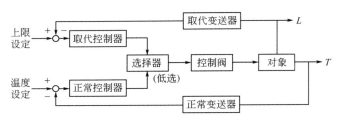

图 4-27 液氨蒸发器自动选择控制系统方块图

4.4.4 高低选择器的选择

在液氨蒸发器例子中，选择器的选择步骤是：
① 首先确定温度控制阀的气开和气关形式，和前面讨论一样，本例中选择气开阀；
② 分别确定温度控制器和液位控制器的正、反作用，经选择，温度控制器为正作用，液位控制器为反作用；
③ 最后经过分析可确定选择器为低值选择器，即选择温度控制器和液位控制器两者的输出信号中较小信号，切断较大信号。

在正常工作时，氨液位低于安全软限的氨液面 $H_上$，液位控制器的测量值小于设定值，产生负偏差。液位控制器输出高信号，该信号大于温度控制器的输出信号，使温度控制器输出通过低选择器控制阀门的开闭，正常控制器（温度控制系统）工作。当出现不正常的工况时，氨液位高于 $H_上$，液位控制器输出减小，它与温度控制器输出相比较后，将温度控制器输出信号切断，此时液位控制器输出控制阀门，并关小控制阀的开度，使液位下降。当液位低于 $H_上$ 时，液位控制器输出又高于温度控制器输出，通过低选择器使液位控制器退出运行，温度控制器投入工作。

4.4.5 积分饱和现象及防止措施

(1) 积分饱和的产生及其危害

一个具有积分作用的控制器，当其处于开环工作状态时，如果偏差输入信号一直存在，那么，由于积分作用结果，将使控制器的输出不断增加或不断减小，一直达到输出的极限值为止，这种现象称为积分饱和。由上述定义可以看出，产生积分饱和的条件有三个：其一是控制器具有积分作用；其二是控制器处于开环工作状态；其三是偏差信号长期存在。

当控制器处于积分饱和状态时，它的输出将达到最大或最小的极限值。对气动仪表来说，其上限值为 0.14MPa，下限值为零。然而接收控制器输出信号的控制阀，接收的信号为 0.02～0.1MPa，对于超出该范围的信号则不发生动作。所以当控制器输出信号超出这一范围时，即使控制器输出还在变，控制阀却已达到极限位置（全开或全关）而不再改变。因此，控制器输出压力在 0～0.02MPa 与 0.1～0.14MPa 内变化时，控制阀根本没反应，它们是控制阀的"死区"，如图 4-28 所示。只有当控制器输出信号进入 0.02～0.1MPa 时，控制阀才能恢复控制功能，即阀的开度才发生变化。然而，当控制器的输出达到积分饱和状态时，只有当偏差信号改变方向后，控制器的输出才能慢慢从积分饱和状态退出，并越过控制阀的死区后，才能进入控制阀的工作区，控制阀才能恢复控制作用。由此可以看出，由于积分饱和的影响，造成了控制阀的工作"死区"，使控制阀不能及时发挥控制作用，致使控制系统失效。

在选择性控制系统中，任何时候选择器只能选中某一个控制器的输出送往控制阀，而未被选中的控制器就处于开环工作状态，这个控制器若具有积分作用，在偏差长期存在的条件下，就会产生积分饱和。

已处于积分饱和状态的控制器，当它在某个时候被选择器选中，需要它进行控制时，由于它处在积分饱和状态而不能立即发挥作用。

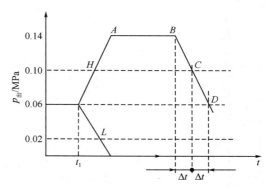

图 4-28 恒定偏差下的积分饱和过程

因为，这时它的输出还处在最大（0.14MPa）或最小（0MPa），要使它发挥作用，必须等它退出饱和区，即必须等它的输出慢慢下降到 0.1MPa，或慢慢上升到 0.02MPa 之后，控制阀才开始动作。也就是说，在饱和区里控制器输出的变化并没有实际发挥作用，因而根据工况条件进行的自动切换将因此而不能及时进行。这将明显恶化控制质量，严重的将会导致发生事故。

由以上的分析可见，积分饱和现象使控制作用的切换产生延迟，使应有的控制作用不能及时产生，这对用于安全保护作用的选择性控制系统是绝对不能允许的，故应防止积分饱和的产生。

(2) 防积分饱和措施

防止积分饱和，就必须消除产生积分饱和的条件。产生积分饱和需满足三个条件，如果这三个条件中的任何一条不具备，就不会产生积分饱和。当控制器在非工作区时，取消其积分作用就可以防止积分饱和。其方法一般采用限幅法、外反馈法和 PI-P 法。

① 限幅法 电动Ⅲ型仪表中有专门设计的限幅型控制器，对积分反馈信号加以限制，使控制器输出信号限制在控制阀工作信号范围之内，从而防止积分饱和。

② 外反馈法 控制器处于开环状态时，借用其他相应的信号（正常工作控制器的输出信号），对控制器进行积分反馈来限制积分作用，防止积分饱和。

③ PI-P 法 控制器处于开环状态时，将控制器的积分作用切除掉，使之仅具有比例功能。在电动Ⅲ型仪表中可选用抗积分饱和控制器，它的控制规律为 PI-P。当控制器被选中处于闭环状态时，控制器具有比例积分控制规律；当控制器未被选中处于开环状态时，仪表线路具有自动切除积分作用的功能。所以这类控制器称为 PI-P 控制器。

4.4.6 蒸汽压力与燃料气压力的选择性控制系统分析

蒸汽压力与燃料气压力的选择性控制系统在大型合成氨工厂中有应用。蒸汽锅炉是一个很重要的动力设备，它直接担负着向全厂提供蒸汽的任务，因此必须对锅炉的正常运行采取一系列的保护措施。

问题 1 当燃料压力过高时，会将燃烧喷嘴的火焰吹灭，产生脱火现象。一旦发生脱火，不仅会因未燃烧而导致烟囱冒黑烟，而且会在燃烧室内积存大量燃料气与空气的混合物，会有爆炸的危险。

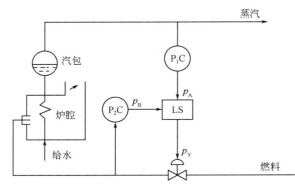

图 4-29 蒸汽锅炉的控制方案

蒸汽锅炉的控制方案如图 4-29 所示，其控制系统方块图如图 4-30 所示。

① 在正常情况下，燃料气压力低于产生脱火的压力，P_2C 感受到的是负偏差，因此它的输出 p_B 呈现为高信号，而与此同时 P_1C 的输出信号相对来说呈低信号。这样，低选器 LS 将选中 P_1C 输出 p_A 送往控制阀，构成蒸汽压力控制系统。

② 当燃料气压力上升到超过 P_2C 的给定值时，P_2C 感受到的是正偏差，由于它是反作用、窄比例，因此它的输出 p_B 一下跌为低信号，于是低选器 LS 将选中 P_2C 输出 p_B 送往控制阀，构成燃料气压力控制系统，从而防止燃料气压力上升，达到防止脱火的产生。

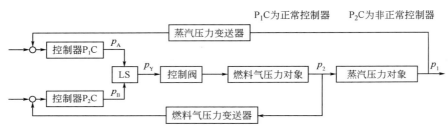

图 4-30 蒸汽锅炉控制系统方块图

问题 2 当燃料压力不足时，燃料气管线压力有可能低于燃烧室压力，这样可能会出现回火现象。

采用连续型选择的系统可以解决问题 1，问题 2 采用开关型选择，即在方案中增加一个带下限节点的压力控制器 P_3C 和一个三通电磁阀，如图 4-31 所示。

当燃料气压力正常时，P_3C 下限节点是断开的，电磁阀是失电的，低选器 LS 输出直通控制阀。一旦燃料气压力下降到低于下限值时，电磁阀得电，于是切断低选器 LS 控制阀的通路，使得控制阀关闭，以防回火现象。当燃料气压力恢复正常，电磁阀失电，恢复正常工作状态。

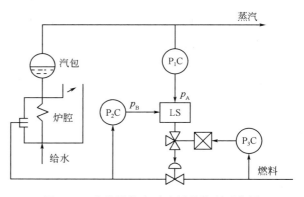

图 4-31 蒸汽锅炉自动选择性控制系统图

任务 4.5 前馈控制系统的设计

4.5.1 前馈控制系统分析

前馈控制是按照干扰作用的大小来进行控制的。当扰动一出现,就能根据扰动的测量信号控制操纵变量,及时补偿扰动对被控变量的影响,控制是及时的。如果补偿作用完善,可以使被控变量不产生偏差。现通过实例具体说明。

(1) 前馈控制原理

① 反馈控制 图 4-32 是一个蒸汽加热器的反馈控制示意图。加热蒸汽通过加热器中排管的外侧,把热量传给排管内的被加热流体,它的出口温度 θ 是用蒸汽管路上的控制阀来控制的。引起温度变化的扰动因素很多,但主要是被加热流体的流量 Q。当发生流量 Q 的扰动时,出口温度 θ 就会有偏差产生。

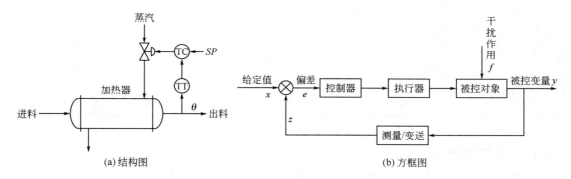

图 4-32 加热器的反馈控制示意图

为稳定出口温度,如果采用一般的反馈控制(如单回路控制系统),控制器只能根据被加热流体的出口温度偏差进行控制。

② 前馈控制 从扰动出现到影响出口温度,再到控制系统调节而克服干扰的过程,由于存在较大时滞,会使出口温度产生较大的动态偏差。设想,如果根据被加热的液体流量 Q 的测量信号来调节控制阀,那么,当发生 Q 的扰动后,就不必等到流量变化影响到出口温度以后再去控制,而是可以根据流量的变化,立即对控制阀进行调节,甚至可以在出口温度 θ 还没有变化前就及时对流量的扰动进行补偿,这称为前馈控制。

加热器的前馈控制系统可以用图 4-33 表示。图中显示,扰动作用 f 与输出变量 y 之间有两个传递通道:一个是从 f 通过对象扰动通道 G_f 去影响输出变量 y;另一个从 f 经过补偿通道产生控制作用后,通过对象的控制通道 G_0 去影响输出变量 y。设想,如果两条通道对输出变量 y 的影响刚好相反,那么在一定条件下,补偿通道的控制作用就有可能抵消扰动 f 对对象的影响,使得被控变量 y 不随扰动变化。显然,扰动前馈控制器的设计是前馈控制系统的关键。

③ 反馈控制与前馈控制的特点 由以上分析可总结出反馈控制与前馈控制的特点,如表 4-1 所示。

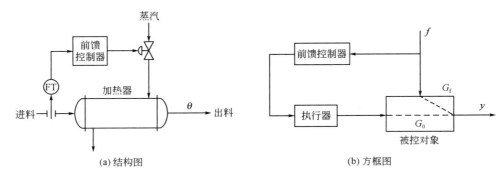

图 4-33 加热器的前馈控制系统

表 4-1 反馈控制与前馈控制的特点

序号	项目	反馈控制	前馈控制
1	控制的依据	被控变量的偏差	干扰量的大小
2	检测的信号	被控变量	干扰量
3	控制作用发生的时间	偏差出现后	偏差出现前
4	系统结构	闭环控制	开环控制
5	控制质量	有差控制	无差控制
6	控制器	通用 PID	专用控制器
7	经济性和可靠性	一种系统可克服多种干扰	对每一种都要有一个控制系统

(2) 前馈控制器

从图 4-33 可以看出,前馈控制系统必须有一个特殊的控制器——前馈控制器,以便能根据扰动大小及时地产生校正作用,抵消扰动对输出变量的影响,这就要对过程特性充分了解。对于图 4-33 所示的单变量前馈控制系统,经简化后可得图 4-34 所示的前馈控制系统方框图。

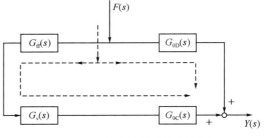

图 4-34 前馈控制系统方框图

假若系统只有一个主要扰动 f,那么在扰动 f 作用下输出变量 y 必有如下计算式:

$$Y(s) = G_{0D}(s)F(s) + G_{ff}(s)G_v(s)G_{0C}(s)F(s) \tag{4-12}$$

显然,要使系统在扰动 f 作用下输出变量保持不变,必须满足如下条件:

$$Y(s) = G_{0D}(s)F(s) + G_{ff}(s)G_v(s)G_{0C}(s)F(s) = 0$$

由此可得到前馈控制器的传递函数是

$$G_{ff}(s) = -\frac{G_{0D}(s)}{G_v(s)G_{0C}(s)} \tag{4-13}$$

这说明,如果前馈控制器能够按照式 (4-13) 的传递函数实施控制作用,那么扰动 f 对输出 y 的影响就会等于零,实现了所谓的"完全不变性","-"表示前馈控制作用的方向与干扰作用的方向相反。

一般，$G_{0D}(s)$、$G_{0C}(s)$ 分别可用一个惯性加纯滞后来近似，即

$$G_{0D}(s) = \frac{K_1}{1+T_1 s} e^{-\tau_1 s} \qquad (4-14)$$

$$G_{0C}(s) = \frac{K_2}{1+T_2 s} e^{-\tau_2 s} \qquad (4-15)$$

式中　K_1——扰动通道的放大系数；
　　　K_2——控制通道的放大系数；
　　　T_1——扰动通道的时间常数；
　　　T_2——控制通道的时间常数；
　　　τ_1——扰动通道的纯滞后时间；
　　　τ_2——控制通道的纯滞后时间。

将式（4-14）和式（4-15）代入式（4-13），则有

$$G_{ff}(s) = \frac{K_1(1+T_2 s)}{K_2(1+T_1 s)} e^{-(\tau_1-\tau_2)s} = K_f \frac{1+T_2 s}{1+T_1 s} e^{-\tau s} \qquad (4-16)$$

式中　$K_f = \dfrac{K_1}{K_2}$，称为前馈模型静态放大系数。

当 $\tau_1 \approx \tau_2$ 时，前馈补偿装置模型可简化为

$$G_{ff}(s) = -K_f \frac{1+T_2(s)}{1+T_1(s)} \qquad (4-17)$$

这时，$G_{ff}(s)$ 是一个简单的超前-滞后环节。

（3）前馈-反馈控制系统

实际工业对象往往存在多个干扰，但不可能对每一个干扰都配备一台专门的前馈控制器进行前馈补偿。因为这样一则会把系统搞得十分庞杂，投资很大；二则有些干扰不可测，无法实现前馈补偿。比较可行的是采用前馈-反馈控制方案，使主要干扰的影响由前馈补偿装置来克服，其他次要干扰的影响则由反馈控制加以克服。前馈-反馈控制系统结构如图 4-35 所示。

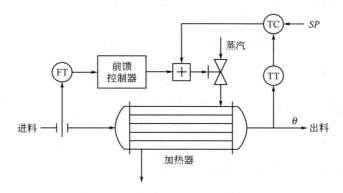

图 4-35　前馈-反馈控制系统结构

为说明问题，对前馈-反馈控制系统做进一步的理论分析。根据图 4-35 的系统结构图，可以方便地得到图 4-36 所示的方框图。现在考虑，系统在输入 x 和扰动 f 的共同作用下输

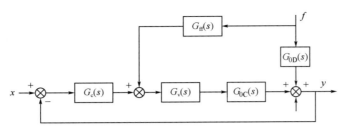

图 4-36 前馈-反馈控制系统的方框图

出 y 的值，它应有如下表达式：

$$Y(s) = \frac{G_{0C}(s)G_v(s)G_c(s)}{1+G_{0C}(s)G_v(s)G_c(s)}X(s) + \frac{G_{0D}(s)+G_{0C}(s)G_v(s)G_{ff}(s)}{1+G_{0C}(s)G_v(s)G_c(s)}F(s) \quad (4-18)$$

式（4-18）中，等号右边第二项表示扰动对输出的影响，如果要实现扰动的完全补偿，则要求该项为零，亦就是

$$\frac{G_{0D}(s)+G_{0C}(s)G_v(s)G_{ff}(s)}{1+G_{0C}(s)G_v(s)G_c(s)}F(s) = 0 \quad (4-19)$$

由于 $F(s) \neq 0$，因此只有

$$G_{0D}(s)+G_{0C}(s)G_v(s)G_{ff}(s) = 0 \quad (4-20)$$

即要求

$$G_{ff}(s) = -\frac{G_{0D}(s)}{G_v(s)G_{0C}(s)} \quad (4-21)$$

这一条件与前馈控制系统的补偿条件式（4-13）完全一样。这说明前馈-反馈控制系统的完全补偿条件并不因为引进偏差的反馈控制而有所改变。这对系统的控制质量提高十分有利。

要真正实现完全扰动的完全补偿，必须满足三个条件：扰动的精密测量、对象特性的准确模型和补偿规律的可实现。这在实际应用中几乎是不可能的。那么，当扰动 $f(t)$ 存在时，如果扰动前馈控制器不能完全补偿其对输出 $y(t)$ 的影响，存在一定的补偿误差，情况又将如何呢？

根据式（4-18），若仅考虑扰动 $f(t)$ 对输出 $y(t)$ 的影响，则应有如下表达式：

$$Y_2(s) = \frac{G_{0D}(s)+G_{0C}(s)G_v(s)G_{ff}(s)}{1+G_{0C}(s)G_v(s)G_c(s)}F(s) = \Delta_2(s) \quad (4-22)$$

但是，若采用前馈控制，在相同扰动 $f(t)$ 作用下，输出 $y(t)$ 的值就为

$$Y_1(s) = [G_{0D}(s)+G_{0C}(s)G_v(s)G_{ff}(s)]F(s) = \Delta_1(s) \quad (4-23)$$

比较式（4-21）与式（4-22）可以清楚看到，在前馈-反馈控制下，扰动 $F(s)$ 对输出 $Y(s)$ 的影响，要比单纯前馈控制情况下小 $[1+G_{0C}(s)G_v(s)G_c(s)]$ 倍。显然，这是反馈控制起的作用。

因此，在前馈-反馈控制系统中，前馈控制可以快速地对扰动进行调节，以补偿扰动对输出的影响。但是，受多种因素的影响，这种补偿作用是不彻底的，必然存在一定的误差。而反馈控制虽然在控制上存在时延，但它有一个突出的优点——能对所有扰动因素都有抑制作用。因此，前馈控制具有"快调""粗调"的作用，而反馈控制则有"慢调""细调"的功

能，两者相互配合，充分发挥各自的特点，能显著提高控制质量。

（4）前馈-串级控制系统

在前面讨论分析的换热器前馈-反馈控制系统中，前馈控制器的输出与反馈控制器的输出叠加后，直接控制阀门。这实质上是将所要求的物料流量与蒸汽流量的对应关系，转化为物料流量与控制阀膜头压力间的关系。因此，为了保证前馈控制的精度，对控制阀提出了严格的要求，希望它灵敏、线性、有尽可能小的变差，还要求控制阀前后的压差恒定。否则，同样的前馈输出，将对应不同的蒸汽流量，就无法实现精确的校正。为了解决上述问题，工程上将在原有的反馈回路中增设一个蒸汽流量副回路，将前馈控制器的输出与温度控制器的输出叠加后，作为蒸汽流量控制器的设定值，构成如图4-37所示的换热器前馈-串级控制系统，这样副回路是一个随动系统，其工作频率高于主回路工作频率的10倍，则可把副回路传递函数等效为1，前馈控制器的传递函数与式（4-10）一致。

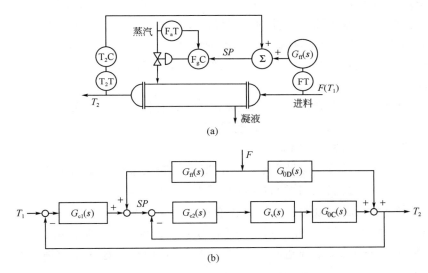

图 4-37 换热器前馈-串级控制系统

（5）前馈-反馈控制系统的整定

前馈-反馈控制系统的整定中，反馈回路和前馈控制回路要分别进行。

① 反馈控制器参数整定。在整定反馈控制器时，可以不考虑前馈作用。因此，可以先将前馈控制回路断开，然后，按单回路系统的整定方法（如4∶1衰减法等）对反馈控制器参数进行整定。具体步骤可参见单回路系统的控制器参数整定方法进行。需要说明的是，由于前馈-反馈控制系统中，被控变量的主要扰动已经前馈控制作用大大减小，所以，当整定反馈回路时就可以适当提高系统的稳定裕量。例如，可以采用衰减率 $\phi > 0.9$，以减少系统过渡过程的振荡倾向。

② 前馈控制器参数整定。典型的前馈控制器模型是 $G_{ff} = -K_f \dfrac{1+T_2 s}{1+T_1 s}$，其中的 K_f、T_1、T_2 这三个参数大小需要工程整定。

a. 先设置静态前馈系数 K_f。通常采用闭环整定法，即先断开前馈回路，利用反馈回路

来整定 K_f 值。在工况稳定情况下，记下扰动的稳态值 f_1 和控制器输出的稳态值 u_1；然后，施加新的扰动 f，待系统重新稳定后，再次记下控制器的输出 u_2 和 f_2。则 K_f 值可按式（4-24）求出：

$$K_f = \frac{u_2 - u_1}{f_2 - f_1} = \frac{\Delta u}{\Delta f} \tag{4-24}$$

这种方法是借助反馈校正的原理来设置静态前馈系数 K_f。

b. 再调整前馈参数 T_1 和 T_2。采用试凑法。整定时，可预先设置一个 T_1 值，逐渐改变 T_2，观察过渡过程曲线，确定 T_2 的值；然后再逐步改变 T_1，观察过渡过程，直至满意为止。注意，前馈控制器的动态参数 T_1、T_2 值的整定，要比静态系数 K_f 值的整定困难，需要反复试凑。

（6）前馈控制系统的选用

一般来说，在系统中引入前馈控制的原则为系统中存在下列情况的主要干扰。

① 当系统中的干扰是可测不可控的。如果需要前馈的干扰是不可测的，就得不到具体干扰信号值，前馈控制也就无法实现。例如不少物料的化学成分或物性，至今尚是不可测的参数。假如干扰是可控的，则可以设置独立的控制系统予以克服，因此就无须设置比较复杂的系统进行前馈控制了。

② 干扰的幅度大、频率高，虽然可以测出，但受工艺条件的约束，不能用定值控制系统加以稳定时。例如工艺生产的负荷及其他控制系统的操纵变量，不能直接对它加以控制，此时可以采用前馈控制来改善控制品质。

③ 在系统中存在着对被控变量影响显著，反馈控制又难以克服的干扰，而工艺对控制精度要求又高时，可通过前馈补偿装置来改进反馈控制的质量。

④ 当系统中对象控制通道滞后大或干扰通道时间常数小时，可考虑引入前馈控制，以保证控制品质。如加热炉温度控制、精馏塔产品质量（或温度）控制、化学反应器产品质量（或温度）控制等，它们的控制通道滞后往往比较大，此时可考虑采用前馈控制来克服某些主要干扰。

4.5.2 工业锅炉汽包水位控制

汽包水位是锅炉运行的主要指标，保持水位在一定范围内，是保证锅炉安全运行的首要条件。汽包水位过高，会影响汽水分离效果，使蒸汽带液过多，损坏汽轮机叶片；水位过低，容易在大负荷时产生干烧现象而导致水冷壁损坏，甚至引起爆炸。因此，必须对锅炉汽包水位进行严格控制。

（1）锅炉工作过程及干扰分析

锅炉是由"锅"和"炉"两部分组成的。"锅"就是锅炉的汽水系统，如图 4-38 所示，它由给水母管、给水控制阀、省煤器、汽包、下降管、上升管、过热器、蒸汽母管等组成。锅炉的给水用给水泵打入省煤器，在省煤器中，水吸收烟气的热量，使温度升高到规定压力下的沸点，成为饱和水，然后引入汽包。汽包中的水经下降管进入锅炉底部的下联箱，又经炉膛四周的水冷壁进入上联箱，随即又回入汽包。水在水冷壁管中吸收炉内火焰直接辐射的热，在温度不变的情况下，一部分蒸发成蒸汽，成为汽水混合物。汽水混合物在汽包中分离

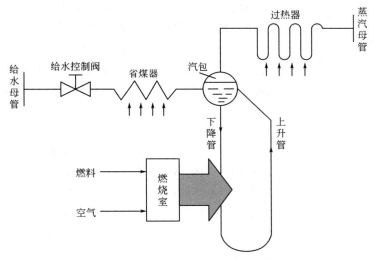

图 4-38 锅炉的汽水系统

成水和汽,水和给水一起再进入下降管参加循环,蒸汽则由汽包顶部的管子引往过热器,并在过热器中吸热、升温达到规定温度,成为合格蒸汽送入蒸汽母管。"炉"就是锅炉的燃烧系统,由炉膛、烟道、喷燃器、空气预热器等组成。锅炉燃料燃烧所需的空气由送风机送入,通过空气预热器,在空气预热器中吸收烟气热量成为热空气后,与燃料按一定的比例进入炉膛燃烧,生成的热量传递给蒸汽发生系统,产生饱和蒸汽。

锅炉汽包水位控制很重要,它必须使给水量与锅炉蒸发量相平衡,并维持汽包中的水位在工艺规定的范围内。分析锅炉工作过程可以知道,影响汽包水位变化的干扰因素主要有给水量的变化、蒸汽负荷变化、燃料量变化、汽包压力变化等。

汽包压力变化并不直接影响水位,而是通过汽包压力升高时水的"自凝结"和压力降低时的"自蒸发"过程引起水位变化的。由于汽包压力变化的原因大都是热负荷和蒸汽负荷变化引起的,因此,在锅炉控制中将这一干扰因素归并到其他控制系统中考虑。

燃料量的变化要经过燃烧系统变成热量,才能被水吸收,继而影响水的汽化量,这个干扰通道的传递滞后和容量滞后都较大。对此,专门有燃烧控制系统来克服这一干扰,以提高控制质量,故在此不必考虑。而蒸汽负荷变化是按用户需求而改变的不可控因素,因此,剩下的只有给水量可作为操纵变量。

(2) 汽包水位的动态特性

通过上面分析可知,汽包水位控制中的干扰因素最主要的是蒸汽负荷和给水量,那么它们对水位的影响规律是如何的呢?这个问题必须搞清楚。

① 蒸汽负荷对水位的影响 在其他条件不变的情况下,蒸汽流量突然增加,必然会导致汽包压力短时间下降,汽包内水的沸腾突然加剧,水中气泡迅速增加,使汽包水位升高,形成了虚假的水位上升现象,即所谓的虚假水位现象。图 4-39 给出了在蒸汽负荷扰动作用下,汽包水位的阶跃响应曲线。当蒸汽流量突然增加 ΔD 时,仅从物料平衡关系来看,蒸汽量大于给水量,水位应下降,如图中的曲线 ΔH_1 所示,它随时间呈线性减小;但是另一方面,由于蒸汽流量的增加,瞬时间必然导致汽包压力的下降而使汽包内的水沸腾现象加剧,

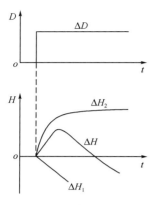

图 4-39 蒸汽负荷扰动作用下汽包水位的阶跃响应曲线

水中气泡会迅速增加而将水位抬高,其水位变化过程如图中的曲线 ΔH_2 所示。两种作用的结果使得水位变化如图中的曲线 ΔH。图中显示,当蒸汽流量增加时,在开始阶段水位先上升,然后再下降;反之,当蒸汽流量减小时,水位是先下降后上升。蒸汽扰动时,水位变化的动态特性可用传递函数表示为

$$\frac{H(s)}{D(s)} = \frac{H_1(s)}{D(s)} + \frac{H_2(s)}{D(s)} = \frac{\varepsilon_f}{s} + \frac{K_2}{T_2 s + 1} \quad (4\text{-}25)$$

式中 ε_f ——蒸汽流量变化单位流量时水位的变化速度;

K_2 ——响应曲线 ΔH_2 的放大倍数;

T_2 ——响应曲线 ΔH_2 的时间常数。

虚假水位变化的大小与锅炉的工作压力和蒸发量有关。一般蒸发量为 100～200t/h 的中高压锅炉,当负荷变化 10% 时,假水位可达 30～40mm。对于这种假水位现象,在设计控制方案时,必须加以注意。

② 给水流量对水位的影响 在给水流量作用下,水位阶跃响应曲线如图 4-40 所示。如果把汽包和给水看成单容无自衡对象,水位阶跃响应曲线如图中的 ΔH_1 所示。但是必须注意到,由于给水温度低于汽包内的饱和水的温度,进入汽包后会从饱和水中吸收部分热量,使得汽包中气泡总体积减小,导致水位下降,其对水位的影响如图中的 ΔH_2。两种作用的叠加,最终使得水位变化的阶跃响应如图中的曲线 ΔH 所示。图中显示,当给水流量做阶跃变化后,汽包水位一开始并不立即增加,而是要呈现出一个起始惯性段。若用传递函数表达,可近似为一个惯性环节和纯滞后的串联,即

$$\frac{H(s)}{G(s)} = \frac{\varepsilon_0}{s} e^{-\tau s} \quad (4\text{-}26)$$

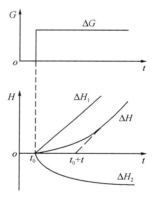

图 4-40 给水流量作用下水位响应曲线

式中 ε_0 ——给水流量变化单位流量时水位的变化速度;

τ ——纯滞后时间。

给水温度越低,纯滞后时间 τ 越大,一般 τ 为 15～100s。如果采用省煤器,由于省煤器本身的延迟,会使 τ 增加,一般为 100～200s。

(3) 汽包水位控制方案

① 单冲量控制系统 图 4-41 所示是锅炉水位的单冲量水位控制系统原理图。它是以汽包水位为被控变量,给水流量为操纵变量的单回路控制系统。冲量是指变量的意思,这里就是汽包水位。这种控制系统结构简单,使用仪表少,参数整定也较方便,主要用于蒸汽负荷变化不剧烈,且对蒸汽品质要求不严格的小型锅炉。对于中、大型锅炉,由于蒸汽负荷变化时假水位现象明显,当蒸汽负荷突然增加时,由于假水位现象,控制器不但不能及时开大控制阀,增加给水量,反而是关小控制阀的开度,减小给水量。等到假水位现象消失后,汽包水位会严重下降,甚至会使汽包水位下降到危险限而导致事故发生。因此,大型锅炉不宜采用此控制方案。

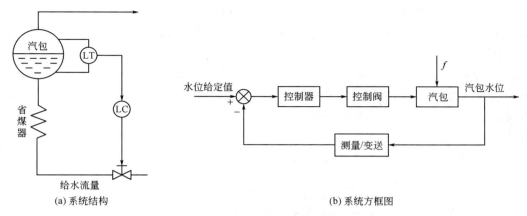

图 4-41 锅炉水位的单冲量水位控制系统原理图

② 双冲量控制系统 汽包水位的主要干扰是蒸汽负荷的变化。如果能按负荷变化来进行校正,就比只按水位进行控制要及时得多,而且可以克服"假水位"现象。这就有了图 4-42 所示的双冲量水位控制系统,它在单冲量水位控制的基础上,引入蒸汽流量的扰动补偿,实质是一个前馈-反馈控制系统。这样,当蒸汽流量变化时,控制阀就能及时按照蒸汽流量的变化进行校正,而其他干扰的影响则由反馈控制回路控制。

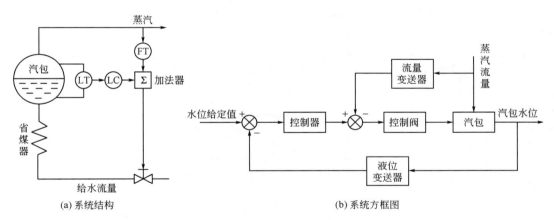

图 4-42 双冲量水位控制系统原理图

图 4-42 中的加法器是对反馈控制作用进行蒸汽流量的扰动校正,以克服"假水位"对控制系统的影响,实现按负荷变化来调节给水量的目的。加法器的具体算法如下:

$$P = C_0 + C_1 P_C \pm C_2 P_F \tag{4-27}$$

式中 C_0——初始偏置;
 P_C——液位控制器的输出;
 P_F——蒸汽流量信号;
C_1、C_2——加法器系数。

式(4-27)中的参数设置原则是:C_2 的正负取值视控制阀的作用方式而定,以蒸汽流量加大,给水量也要加大为原则。具体是:使用气关阀时,C_2 取负号;使用气开阀时,C_2

取正号。C_2 数值的确定原则是：当只有蒸汽流量干扰时，汽包水位应基本不变。C_1 的设置比较简单，可取 1，也可以小于 1。而初始偏置 C_0 的数值，只要满足在正常负荷下 C_0 值与 $C_2 P_F$ 相抵消即可。

③ 三冲量控制系统　实际应用中，锅炉的供水压力会发生变化，这会引起给水流量变化，而这将导致汽包液位变化。双冲量控制系统对给水干扰是难以克服的，为此，可引入给水流量信号构成三冲量控制系统，如图 4-43 所示。

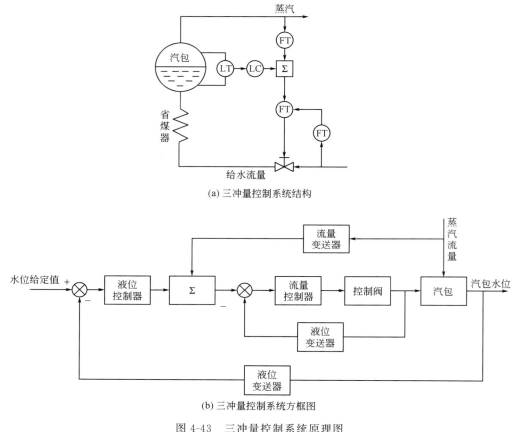

图 4-43　三冲量控制系统原理图

水位是主冲量，蒸汽、给水是辅助冲量，它实质上是前馈-串级控制系统。其中，汽包水位是被控变量，也是串级控制系统中的主变量，是工艺控制指标；给水流量是串级控制中的副变量，它能快速克服供水压力波动对汽包水位的影响；蒸汽流量是作为前馈信号引入的，它是为了及时克服蒸汽负荷变化对汽包水位的影响。

在有些装置中，采用比较简单的三冲量控制系统，只用一台控制器及一台加法器。具体有两种形式，如图 4-44 所示。在图 4-44（a）中，加法器接在控制器之前；在图 4-44（b）中，加法器接在控制器之后。图 4-44（a）接法的优点是使用仪表少，只要一台多通道控制器即可。如果系数设置不当，不能确保物料的平衡，当负荷变化时，水位将有余差。而图 4-44（b）的接法，水位无余差，使用仪表比前一方法多，但控制器参数的改变不影响补偿通道的整定参数。

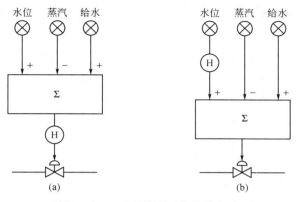

图 4-44 三冲量控制系统简化接法

项目小结

随着工业的发展、生产工艺的更新、生产规模的大型化和生产过程的复杂化，必然导致对操作的要求更加严格，各变量之间的相互关系更加复杂；同时，现代化生产对产品质量提出了更高要求，生产过程中还有某些特殊要求，如物料配比、前后生产工序的协调问题，为了生产安全而采取的软保护问题等。这些问题用简单控制系统、串级控制系统还不能完全解决，需要引入均匀、比值、分程、选择、前馈等复杂控制系统。这些控制系统的结构不同，所担负的任务各不相同，控制方法也不同。

① 均匀控制可实现液位与流量两个参数在规定的范围内均匀、缓慢地变化。

② 比值控制是保证两种物料量为一定的比例关系的控制系统。

③ 分程控制系统中控制器的输出信号控制两个或多个控制阀，且各控制阀的工作范围不同，从而扩展了控制系统的应用。从系统结构上看，分程控制系统属于简单反馈控制系统。

④ 前馈控制系统是一种按扰动进行控制的系统，是一种开环控制系统，它的控制规律与控制通道和干扰通道的特性有关。应注意的是它与反馈控制系统的区别。为了综合前馈控制与反馈控制各自的优点，通常是将前馈控制系统与各种反馈控制系统结合起来，构成前馈-反馈控制系统。

⑤ 选择控制系统是一种"安全软限"保护系统，把由工艺生产过程的限制条件所构成的逻辑关系叠加到通常的自动控制系统中去，是由高选器（或低选器）构成的。选择控制系统由于备用系统处于开环状态下工作，所以要防止积分饱和，可采用 PI-P 控制器防积分饱和。

思考与习题

4-1 均匀控制系统的目的和特点是什么？

4-2 如何设计简单结构的均匀控制系统？控制器参数整定时，被控变量有什么要求？

4-3 什么叫比值控制系统？流量比是如何定义的？

4-4 在比值控制系统中，什么是主动物料？什么是从动物料？如何选择？

4-5 比值控制系统有哪些形式？它们各有何特点？

4-6 在双闭环比值控制系统中，主动物料、从动物料在参数整定时各有什么要求？

4-7 图 4-45 所示为一反应器的控制方案。Q_A、Q_B 分别代表进入反应器的 A、B 两种物料的流量，试问：

① 这是一个什么类型的控制系统？试画出其方块图。

② 系统中的主动物料和从动物料分别是什么？

③ 如果两控制阀均选气开阀，试决定各控制器的正反作用。

④ 试说明系统的控制过程。

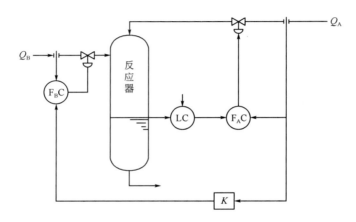

图 4-45 反应器的控制

4-8 图 4-46 为采用 DDZ-Ⅲ仪表的比值控制系统，乘法器的输出 $I = \dfrac{(I_1-4)(I_0-4)}{16} + 4$，其中 I_1 和 I_0 为乘法器的两个输入信号。Q_1 和 Q_2 均采用孔板配差压变送器（带开方器）测量，已知 $Q_{1max} = 3600 \text{m}^3/\text{h}$，$Q_{2max} = 2000 \text{m}^3/\text{h}$，试求：

① 画出该控制系统的组成框图。

② 若要求 $Q_1 : Q_2 = 2 : 1$，应该如何设置乘法器的设置值 I_0？

4-9 分程控制的目的是什么？分程控制阀的开、关类型有哪几种基本情况？

4-10 图 4-47 所示为一进行气相反应的反应器，两控制阀 PV_1、PV_2 分别控制进料流量和反应生成物的流量。为控制反应器的压力，两阀门应协调工作。例如，PV_1 打开时，PV_2 关闭，反应器压力上升，反之亦然。试问：

① 这是什么类型的控制系统？试画出其方块图。

② 确定控制器的正反作用。

③ 画出分程区间。

④ 说明系统的控制过程。

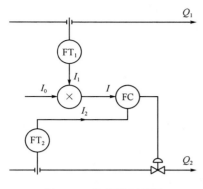
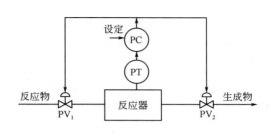

图 4-46 比值控制系统　　　　图 4-47 反应器压力控制

4-11　设置选择控制系统的目的是什么？可能的选择控制系统有哪些种类？在控制方案中如何表示？

4-12　乙烯工程中 C_3 绿油塔液位与去脱丙烷塔绿油流量，从脱丙烷塔的稳定操作考虑，维持进料量恒定是必要的。从绿油塔正常操作要求考虑，液位不能低于下限值（图 4-48）。

① 设计选择控制系统；
② 选择控制器的正反作用；
③ 选择高（HS）或低（LS）选择器；
④ 说明控制过程。

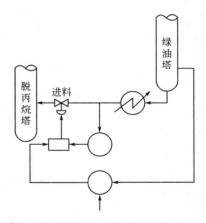

图 4-48　绿油塔控制系统

4-13　自动选择性控制系统中，为何会产生积分饱和现象？在氨液蒸发冷却过程的选择控制系统中，是否会产生积分饱和？如何防止积分饱和？

4-14　前馈控制与反馈控制各有什么特点？

4-15　前馈控制系统有哪几种主要形式？

4-16　在前馈控制中，怎样才能达到完全补偿？动态前馈与静态前馈有什么区别？一般情况下，为什么不单独使用前馈控制系统？

4-17　已知对象扰动通道的传递函数为 $G_f(s) = \dfrac{2}{12s+1}e^{-st}$，控制通道的传递函数为 $G_o(s) = \dfrac{6}{10s+1}e^{-st}$，若采用前馈控制，试画出前馈控制方案，并计算前馈控制装置的传递函数。

4-18　对于某换热器，当进口物料流量的变化为主要干扰时，采用如图 4-49 所示的控制方案，请指出此为何种类型的控制系统？画出该控制系统的方块图。

4-19　试分析判断图 4-50 所示的两个系统各属于什么系统？说明其理由。

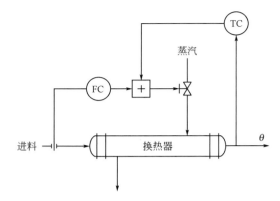

图 4-49　换热器系统控制

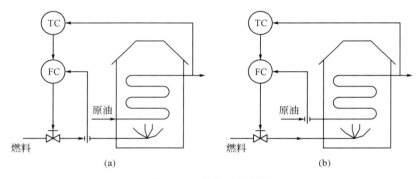

图 4-50　锅炉系统控制

4-20　图 4-51 所示为喷雾干燥器，浆料从喷头喷淋下来，与热风接触换热，进料被干燥并从干燥塔底部排出。

（1）请为此过程设计一控制系统。

（2）为了获得高精度的空气温度控制及尽可能节省蒸汽的消耗量，应对上系统作何种改进？

（3）若该设备的进料不可控，请提出一处理方法。

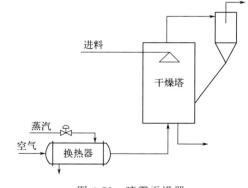

图 4-51　喷雾干燥器

项目五

典型石油化工单元的控制方案设计

石油、化工等生产过程,是由一系列基本单元操作的设备和装置组成的生产线来完成的,按其物理和化学实质来分有流体力学过程、传热过程、传质过程和化学反应过程等。本项目以流体输送设备、传热设备、精馏塔及化学反应器四种单元操作中的代表性装置为例,介绍和分析若干常用的控制方案设计。

单元操作中的控制方案设置主要考虑四个方面:物料平衡控制、能量平衡控制、质量控制、约束条件控制。通过对典型生产设备控制系统的学习,使学生明确量变与质变的规律,培养严谨细致的学习态度及精益求精的工匠精神,同时增强节能环保意识。

项目目标

① 能设计流体输送设备的控制方案。
② 能设计传热设备的控制方案。
③ 能设计精馏塔的控制方案。
④ 能设计化学反应器的控制方案。

项目实施

任务 5.1 流体输送设备的控制方案设计

在石油化工生产中,各种物料往往处于连续流动状态下进行反应、分离等操作。为了便于输送、控制,多数物料以液态或气态方式流动,固态物料有时也进行流态化。流体在管道内流动,需从泵和压缩机等输送设备获得能量,克服流动阻力。对于流体输送设备的控制,多数是属于流量的控制，泵是输送液体、压缩机是输送气体并提高其压力的机械。

5.1.1 离心泵的控制方案

离心泵是最常见的液体输送设备。离心泵流量控制的目的是将泵的排出流量恒定于某一设定的数值上。流量控制在石油化工生产过程中是常见的，例如进入化学反应器的原料量需要维持恒定，精馏塔的进料量或回流量需要维持恒定等。

（1）离心泵工作原理

离心泵主要由叶轮和机壳组成，叶轮在原动机带动下做高速旋转运动，离心泵的出口压力由旋转叶轮作用于液体而产生离心力，转速越高，离心力越大，压头也越高。

（2）离心泵特性

由于离心泵的叶轮和机壳之间存在空隙，泵的出口阀全闭，液体在泵体内循环，泵的排量为零，压头最大；随着出口阀的逐步开启，排出量随之增大，出口压力将慢慢下降。

泵的压头 H、排量 Q 和转速 n 之间的函数关系：

$$H = R_1 n^2 - R_2 Q^2 \quad (R_1、R_2 \text{ 为比例系数})$$

（3）离心泵流量控制方案

① 改变泵出口阀门开度 通过改变泵出口阀门开度可以控制泵出口流量，离心泵特性如图 5-1 所示。在一定的转速下，离心泵的排出量 Q 与泵产生的压头 H 有一定的对应关系，如图 5-2 中曲线 A 所示。在不同流量下，泵所能提供的压头是不同的，曲线 A 称为泵的流量特性曲线。泵提供的压头又必须与管路上的阻力相平衡才能进行操作，克服管路阻力所需压头大小随流量的增加而增加，如曲线 1 所示。曲线 1 称为管路特性曲线。曲线 A 与 1 的交点 C 即为进行操作的工作点。此时泵所产生的压头正好用来克服管路的阻力，C_1 点对应的流量 Q 即为泵的实际出口流量。

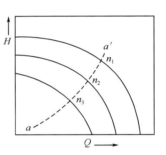

图 5-1 离心泵特性

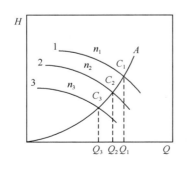 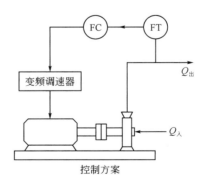

图 5-2 改变泵转数流量特性

当控制阀开度发生变化时，由于转速是恒定的，所以泵的特性没有变化，但管路上的阻力却发生了变化，即管路特性曲线不再是曲线 1，随着控制阀开度的减小，将变为曲线 2 或曲线 3。工作点就由 C_1 移向 C_2 或 C_3，出口流量也由 Q_1 改变为 Q_2 或 Q_3。以上就是通过改变泵出口阀开度以改变排出流量的原理。

控制泵的出口流量时，控制阀装在泵的出口管路上，而不应该装在泵的吸入管路上。这是因为控制阀在正常工作时需要有一定的压降，而离心泵的吸入高度是有限的。如果泵的进口端压力过低，可能使液体汽化，使泵丧失排送能力，这叫气缚；或者压到出口端又迅速冷凝，冲蚀严重，这叫气蚀。这两种情况都要避免发生。

改变泵出口阀门开度的方案简单可行，是应用最为广泛的方案。但是，此方案总的机械效率较低，特别是控制阀开度较小时，阀上压降较大，对于大功率的泵，损耗的功率就相当大，因而不够经济。

② 改变泵的转速　采用这种方法，管道上无需装控制阀，减少了阻力损耗，泵的机械效率得以提高。

一类是调节原动机的转速：以汽轮机为原动机时，可调节蒸汽流量或导向叶片的角度；以电动机作原动机时，采用变频调速等装置。

另一类是改变原动机与泵之间的联轴调速结构上转速比来控制转速。

当泵的转速改变时，泵的流量特性曲线也会改变。图 5-2 中曲线 1、2、3 表示转速分别为 n_1、n_2、n_3 时的流量特性，且 $n_1 > n_2 > n_3$。在一定的管路特性曲线 A 的情况下，减小泵的转速，会使工作点由 C_1 移向 C_2 或 C_3，流量相应也由 Q_1 下降到 Q_2 或 Q_3，这种方案从能量消耗角度衡量最为经济，机械效率较高。当原动机为电动机时，采用变频调速机构，几乎所有的泵的控制都采用此方案。

③ 改变泵的出口旁路阀门开度　如图 5-3 所示，将泵的部分排出量重新送回到吸入管路，用改变旁路阀开度的方法来控制泵的实际排出量。

控制阀装在旁路上，由于压差大，流量小，所以控制阀的口径可以选得比装在出口管道上的小得多。但由于旁路阀消耗一部分高压液体能量，使总的机械效率降低，经济性较差。

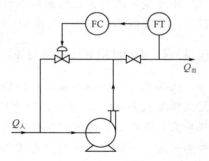

图 5-3　离心泵特性

5.1.2　往复泵的控制方案

往复泵也是常见的液体输送设备，多用于流量较小、压头要求较高的场合。它的排液量 Q 取决于活塞冲程 S 的大小和单位时间活塞往复次数 N，而与压头 H 几乎没有关系，其特性曲线如图 5-4 所示。因此，在泵的出口管道上安装控制阀的方案，达不到控制出口流量 Q 的目的，且一旦控制阀关闭，极易导致泵体损坏。

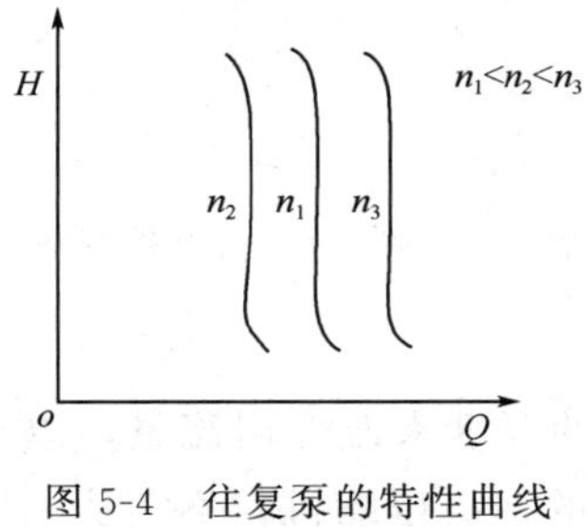

常用的流量控制方案有以下三种。

(1) 改变原动机的转速

这种方案适用于以蒸汽机或汽轮机作原动机的场合，这时只要改变蒸汽进入量就可改变往复泵的往复次数 N，从而达到控制出口流量 Q 的目的，如图 5-5 所示。

图 5-4　往复泵的特性曲线

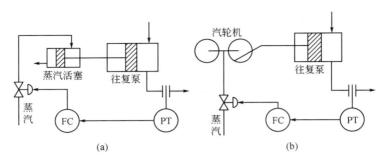

图 5-5 改变往复泵转速的方案

(2) 改变活塞冲程 S

计量泵常用改变冲程的大小来控制出口流量。常用的调整 S 方法有：通过改变曲柄销的位置、调节柱塞与十字头连接处的间隙或采用活塞冲程大小调节机构来改变活塞冲程。活塞冲程大小调节机构可将活塞冲程大小通过无级调速调节到零，使泵的流量在最大值和零之间任意调节。

(3) 改变回流量

用改变泵出口旁路控制阀的开度来改变回流量的大小，可以达到控制泵的实际排液量的目的。方案的构成与图 5-5 类似。

5.1.3 压缩机的控制方案

压缩机是气体输送设备，按作用原理可分为离心式和往复式两大类。往复式压缩机多用于流量小、压缩比较高的场合。离心式压缩机具有体积小、流量大、效率高、维修简单、输送气体不受润滑油污染等优点，但存在防喘振的问题。下面主要介绍离心式压缩机的自动控制。

压缩机

(1) 离心式压缩机排气量的控制方案

① 节流控制　一般在压缩机的出口或入口管路上安装控制阀等节流装置，以控制排气量，如图 5-6、图 5-7 所示。

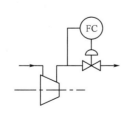
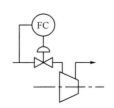
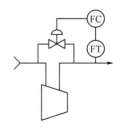

图 5-6　离心式压缩机出口节流法　　图 5-7　离心式压缩机入口节流法　　图 5-8　旁路控制法

② 旁路控制　这与泵的控制方案相同，即改变旁路控制阀的开度来改变回流量，以达到控制排气量的目的，如图 5-8 所示。但需注意，对压缩比很高的多级压缩机，不宜从末段

压机直接旁路至入口处，否则控制阀前后压差太大，功率损耗太大，对阀座的磨损也较大。此时宜采用分段旁路。

③ 控制转速　用改变原动机转速来控制排气量。这种方案效率高，但调速机构比较复杂，一般用于功率较大的场合。

（2）离心式压缩机的防喘振控制方案

因负荷减小，压缩机入口流量小于某一数值时，气体由压缩机忽进忽出，机身发生强烈振动，并发出周期性的喘叫声，这种现象称为"喘振"。严重时会使压缩机及所连接设备遭到破坏。

为什么会发生喘振呢？

离心式压缩机的特性曲线即压缩比（p_2/p_1）与进口体积流量 Q 之间的关系曲线如图5-9所示。图中，n_1、n_2、n_3 为离心式压缩机的转速。由图可知，不同的转速下每条曲线都有一个 p_2/p_1 值的最高点，连接每条曲线最高点的虚线是一条表征喘振的极限曲线。虚线左侧的阴影部分是不稳定区，称为喘振区；虚线的右侧为稳定区，称为正常运行区。若压缩机的工作点在正常运行区，此时流量减小会提高压缩比，流量增大会降低

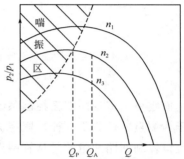

图5-9　离心式压缩机的特性曲线

压缩比。假设压缩机的转速为 n_2，正常流量为 Q_A，如因某种扰动流量减小，则压缩比增加，即出口压力 p_2 增加，使压缩机排出量增加，自衡作用使负荷恢复到稳定流量 Q_A 上。假如负荷继续减小，使负荷小于临界吸入流量值 Q_P 时（即移动到 p_2/p_1 的最高点后，排出量继续减小），压力 p_2 继续下降，于是出现管网压力大于压缩机所能提供压力的情况，瞬时会发生气体倒流，接着压缩机恢复到正常运行区。由于负荷还是小于 Q_P，压力被迫升高，重新把倒流进来的气体压出去，此后又引起压缩比下降，出口的气体倒流。这种现象重复进行时，称为喘振，表现为压缩机的出口压力和出口流量剧烈波动，机器与管道振动。如果与机身相连的管网容量较小并严密，则可能听到周期性的如同哮喘病人"喘气"般的噪声；而当管网容量较大时，喘振时会发出周期性间断的吼叫声，并伴随有止逆阀的撞击声，这种现象将会使压缩机及所连接的管网系统和设备发生强烈振动，甚至使压缩机等设备遭到破坏。

喘振是离心式压缩机的固有属性，而负荷减小是离心式压缩机产生喘振的主要原因，所以设法使压缩机运行永远高于某一固定流量值，使压缩机的吸气量大于或等于该工况下的气量，从而避免进入喘振区运行。用于防止产生喘振的控制方法，称离心式压缩机的防喘控制。

下面介绍防喘振控制方案中最简单的旁路控制方案。

① 固定极限流量防喘振控制　固定极限流量防喘振控制方案是使压缩机的流量始终保持大于某一固定值（即正常可以达到的最高转速下的临界吸入流量值 Q_P），从而避免进入喘振区运行。显然，压缩机不论运行在哪一种转速下，只要满足压缩机流量大于 Q_P 的条件，压缩机就不会产生喘振，其控制方案如图5-10所示。压缩机正常运行时，测量值大于设定值 Q_P，则旁路阀完全关闭。如果测量值小于 Q_P，则旁路阀打开，使一部分气体返回，直到压缩机的流量达到 Q_P 为止。这样虽然压缩机向外的供气量减少了，但可以防止发生喘振。

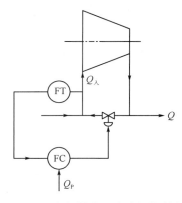
图 5-10 固定极限流量防喘振控制方案

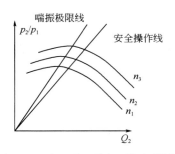
图 5-11 离心式压缩机喘振极限线

固定极限流量防喘振控制系统应与一般控制中采用的旁路控制法区别开来。其主要差别在于检测点的位置不一样，固定极限流量防喘振控制回路测量的是进入压缩机的流量，而一般流量控制回路测量的是从管网送来或是通往管网的流量。固定极限流量防喘振控制方案简单，系统可靠性高，投资少，适用于固定转速场合。在变转速时，如果转速低到 n_2、n_3（图 5-11），流量的裕量过大，能量浪费很大。

② 可变极限流量防喘振控制　为了减少压缩机的能量消耗，在压缩机负荷有可能经常波动的场合，采用可变极限流量防喘振控制方案。

假如，在压缩机吸入口测量流量，只要满足下式即可防止喘振的产生：

$$\frac{p_2}{p_1} \leqslant a + \frac{bK^2 \Delta p_1}{\gamma p_1} \quad \text{或} \quad \Delta p_1 \geqslant \frac{\gamma}{bK^2}(p_2 - ap_1)$$

式中，p_1 是压缩机吸入口压力，绝对压力；p_2 是压缩机出口压力，绝对压力；Δp_1 是

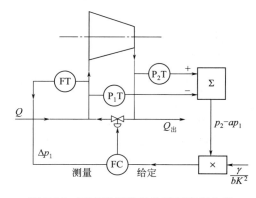
图 5-12 可变极限流量防喘振控制方案

入口流量 Q_1 压差；$\gamma = \frac{M}{ZR}$ 为常数（M 为气体分子量，Z 为压缩系数，R 为气体常数）；K 是孔板的流量系数；a、b 为常数。

如图 5-12 所示，就是根据上式所设计的一种防喘振控制方案。压缩机入口压力 p_1、出口压力 p_2 经过测量变送装置以后送往加法器，得到 $(p_2 - ap_1)$ 信号，然后乘以系数 $\frac{\gamma}{bK^2}$ 作为防喘振控制器（FC）的设定值 $\frac{\gamma}{bK^2}(p_2 - ap_1)$。控制器的测量值是测量入口流量的差压经过变送器后的信号 Δp_1，这是一个随动控制系统。当测量值 Δp_1 大于设定值时，压缩机工作在正常运行区，旁路阀是关闭的；当测量值 Δp_1 小于设定值时，则需要将旁路阀打开一部分，以保证压缩机的入口流量大于设定值，使其始终工作在正常运行区，从而防止喘振的产生。

这种方案属于可变极限流量法的防喘振控制方案，控制器的设定值是经过运算来获得

的，因此该方案能根据压缩机负荷变化的情况随时调整入口流量的设定值，而且由于将运算部分放在闭合回路之外，因此，该控制方案可像单回路流量控制系统那样整定控制器的参数。

任务 5.2 传热设备的控制方案设计

换热器

在石油化工生产中，许多单元操作，如蒸馏、干燥、蒸发、结晶等，均需根据工艺要求对物料进行冷却或加热，以保持一定的温度。因此传热设备是石油化工生产过程中极其重要的组成部分，对传热设备的控制也就显得十分重要。

传热设备的自动控制，在大多数情况下，被控变量是温度。传热设备的种类很多，本节只讨论无相变换热器、蒸汽冷凝的加热器和低温冷却器的控制方案。

5.2.1 无相变换热器的温度控制方案

(1) 调节载热体的流量

调节载热体流量的大小以保证物料出口温度稳定的方案是最常用的一种控制方案。当调节开度一定时，载热体流量较稳定，则可采用简单控制系统，如图 5-13 所示；如果因载热体压力波动而引起流量不稳定时，则可采用以物料出口温度为主变量、载热体流量为副变量的串级控制系统，如图 5-14 所示；当载热体是工艺介质，其总流量不允许变动时，可采用三调节阀来分流，只改变它的分流量，而保证载热体的总流量不变，如图 5-15 所示。

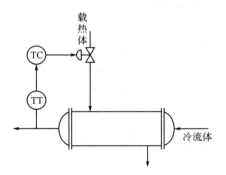

图 5-13 换热器的简单控制系统

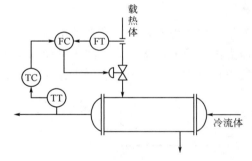

图 5-14 换热器的串级控制系统

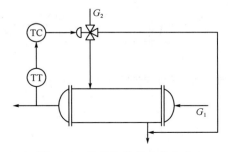

图 5-15 将载热体分流的方案

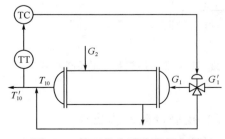

图 5-16 将工艺介质分流的方案

(2) 将工艺介质分流

以载热体流量作为操纵变量的方案，虽然应用较广，但当换热器的传热面积较小，而载热体流量已足够大，这时再开大控制阀，对提高工艺介质出口温度的效果就不大；再者，当换热器流程较复杂，流体停留时间长，则纯滞后和时间常数都较大，不易控制。这时可采用把工艺介质分流的方案，即工艺介质一部分进入换热器，另一部分旁路通过，然后冷、热介质在出口处混合，通过控制阀改变分流量，可控制出口温度，如图 5-16 所示。

此方案的优点在于使一部分流体的传热过程变为混合过程，因此调节通道反应快，使原来对象的纯滞后减小，改善了调节质量，且工艺介质的总流量不变。其缺点是载热体处在最大流量，并且要求换热器传热面积有较大裕量，因此在冷物料流量较小时就不太经济。

5.2.2 蒸汽冷凝的加热器温度控制方案

利用蒸汽冷凝的加热器，是常用的一种换热设备。在蒸汽加热器内，蒸汽冷凝由气相变为液相，放出热量，通过管壁传给工艺介质。当传热面积有裕量时，蒸汽进入多少就冷凝多少，冷凝后才进一步降温。

当以工艺介质出口温度为被控变量时，常采用下面两种控制方案：一种是调节进入的蒸汽流量；另一种是通过调节冷凝液的排出量以改变有效的传热面积。

(1) 控制蒸汽流量

这是一种最常用的控制方案，如图 5-17 所示。当传热面积有裕量时，改变蒸汽流量，则改变了加热器的传热量，从而达到控制工艺介质出口温度的目的。这种方案的优点是调节比较灵敏。但如果工艺介质出口温度较低，传热面积裕量又较大时，这个方案容易使蒸汽迅速冷却，有时凝液冷到 100℃ 以下，加热器内蒸汽一侧造成负压，致使冷凝液排出不连续而影响传热。

如果蒸汽压力比较稳定，则采用图 5-17 的简单控制系统就能满足工艺要求；如果阀前蒸汽压力波动较大，将影响控制质量而满足不了工艺要求时，则可采用图 5-18 所示的以工艺介质出口温度为主变量、蒸汽压力（或流量）为副变量的串级控制系统。

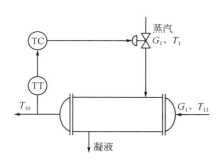

图 5-17 蒸汽加热器常用控制方案

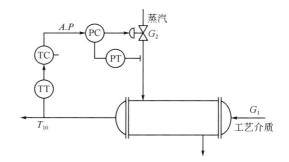

图 5-18 蒸汽加热器的串级控制系统

(2) 控制冷凝液排出量

这种方案，控制阀装在冷凝液管路上，如图 5-19 所示，调节冷凝液的液位高低以改变有效的传热面积,来达到控制工艺介质出口温度的目的。但此方案滞后大,因为冷凝液积聚以改变传热面积的过程比较迟缓,而凝液排放改变传热面积的过程比较迅速,从而导致对象特性的变化。因而系统的调节质量不高,一般只用于低压蒸汽作热源,工艺介质出口温度较低,而且加热器的传热裕量又较大时,为避免加热器蒸汽一侧产生负压,致使冷凝液不能连续排放的情况。

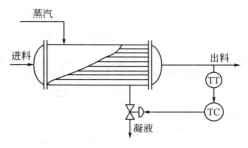

图 5-19 控制冷凝液排出量的方案

5.2.3 低温冷却器的控制方案

生产过程中,常常要将工艺介质冷却到较低温度,这就需要低温冷却器。在低温冷却器中,液体冷却剂气化时,吸收大量潜热并带走,从而使工艺介质得以冷却。这些冷却剂有液氨、乙烯、丙烯等。以液氨为例,当它在常压下气化时,可使工艺介质冷却到 $-30℃$ 的低温。

低温冷却器以氨冷器最为常见,下面以它为例介绍两种常见的控制方案。

(1) 改变液氨流量

图 5-20 所示的方案是通过改变液氨的流量来控制工艺介质的出口温度。其控制过程为:由于干扰作用,使出口温度上升而高于设定值,控制器就根据偏差发出控制信号,使控制阀开大,液氨流量增加,使氨冷器内液位上升,传热面积就增加,因而使传热量增加,工艺介质出口温度下降。所以这也是一种改变传热面积的方案。

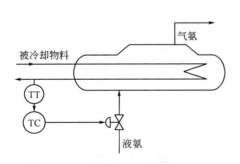

图 5-20 改变液氨流量的方案

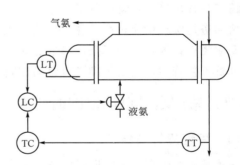

图 5-21 温度-液位串级控制方案

采用这种控制方案时,必须保证传热面积有裕量,液氨蒸发空间有足够裕度,以保证进入的液氨的气化;若因液位过高而使蒸发空间不足,此时加大液氨流量非但不能降低介质出口温度,反而使气氨带液,引起氨压缩机的操作事故。因此,这种控制方案往往带有液位上限报警装置,或采用图 5-21 所示的控制系统。

图 5-21 所示的方案,是以工艺介质出口温度为主变量、液氨液位作为副变量的串级控制方案。此方案的实质仍是改变传热面积。应用这种方案时,一方面可限制液位的上限,另一方面将液氨压力的变化而引起液位的变化这一干扰包括在副回路内,从而提高了控制质量。

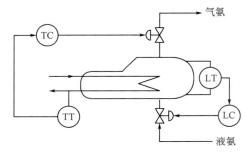

图 5-22 改变气化压力的控制方案

(2) 改变气化压力

在这类方案中,为了改变气化压力,将控制阀装在气氨管道上,如图 5-22 所示。由于氨的气化温度与压力有关,控制阀开度改变时,引起氨冷器内气化压力的改变,从而影响液氨的气化温度。其调节过程为:当因干扰作用使工艺介质的出口温度升高而偏离设定值时,控制器发出调节信号,使控制阀开大,气氨流量增加,氨冷器内压力下降,液氨温度则相应降低,冷却剂与工艺介质间的温差就增大,因而传热量增加,工艺介质出口温度就下降。所以,这种方案是通过改变传热温差,实现对出口温度的控制。

为了保证液位不高于允许上限,在该方案中还设有辅助的液位控制系统。

这种方案的优点是控制作用迅速,只要气化压力稍有变化,就能很快影响气化温度,以达到控制工艺介质出口温度的目的。但气氨管道上装控制阀有压降损耗,压缩机功率须提高;另外,液氨须有较高压力,提高了对氨冷器的耐压要求。当气氨压力由于整个制冷系统的统一要求而不能随便改变时,这个方案就不能采用。

任务 5.3 精馏塔的控制方案设计

精馏过程是将混合物中各组分进行分离,并使其达到规定纯度的单元操作。

精馏塔是实现精馏过程的主要设备,它是一个比较复杂的对象。精馏塔对象的通道很多,反应缓慢,内在机理复杂,参数之间互相关联,控制要求又较高。各种不同的控制方案是在分析工艺特性,满足精馏塔对自动控制要求的基础上产生的。

5.3.1 精馏塔对自动控制的要求

(1) 保证质量指标

在正常操作的情况下,应当使塔顶或塔底的一个产品达到规定的纯度,另一个产品的成分也应保证在规定范围内。在达到上述指标要求的前提下,尽量提高塔的生产率,节省加热剂和冷却剂的消耗。

(2) 保持物料平衡

塔顶馏出液量和釜液采出量之和,基本上应等于进料量,而且两个采出量要缓慢变化,以保证塔的平稳操作。塔内的蓄液量应保持在规定范围内。此外,控制塔内压力稳定,对塔的平稳操作也是十分必要的。

(3) 约束条件

为保证正常操作,须规定某些参数的极限值为约束条件。例如对塔内气体流速的限制,流速过高易产生液泛,流速过低会降低塔板效率,尤其对分离工作范围较大的筛板塔和乳化填料塔的流速问题，必须引起注意。因此，通常在塔顶和塔底间装有测量压差的仪表，有些还附有报警装置。塔本身还有最高压力限，超过这个压力，容器的安全就失去保障。

5.3.2 精馏塔的主要干扰因素

若将精馏塔本身、冷凝器及再沸器作为一个整体看，影响精馏生产过程的因素主要有以下几个方面。

(1) 进料方面的干扰

① 进料量的波动　进料量的变化会使塔底或塔顶产品成分发生变化，影响产品质量。在工艺操作允许的前提下（如塔位于整个生产过程的起点），进料流量可采用定值控制，来达到稳定操作的目的。当工艺上由于固定这一流量会影响上一工序设备的操作时，则可在上一工序设置液位均匀控制系统，使进料量保持较缓慢的变化。

② 进料组分的波动　进料组分的变化是一个不可控因素，它是由上一工序生产情况决定的。这一干扰最终使产品成分发生变化。

③ 进料温度及进料热焓的波动　对进料温度的变化，可先将进料预热，通过温度定值控制使进料温度恒定。在精馏塔操作中，一般希望进料热稳定，对于液相或气相进料来说，热和温度间具有单值对应关系，所以直接采用温度控制代替热控制来获得稳定操作。但对于气液混合相进料，热焓与温度间往往没有单值对应关系，这时就需要应用热控制才能使精馏塔平稳操作。热焓控制是保持某物料的热为定值或按一定规律变化的操作。

(2) 塔内蒸汽速度和加热量的变化

塔的经济性和塔的效率与塔内蒸汽速度有密切关系。塔操作时的最大蒸汽速度应比发生液泛的速度小一些，工艺上一般选蒸汽速度为液泛速度的 80% 左右。影响塔的蒸汽速度的主要因素是再沸器的加热量，稳定再沸器的加热量对塔的平稳操作有很大意义。当加热剂的压力波动引起加热量变化时就易出现液泛，为此，如热剂为蒸汽，可在蒸汽总管设置压力控制系统，也可在串级控制系统的副回路中予以克服。另外，对进入再沸器的蒸汽量，还可采用流量定值控制。

(3) 回流量和冷剂量的波动

回流量的减少，会使塔顶温度上升，从而使塔顶产品中重组分含量增加。因此在正常操作中，除非要把回流量作为操纵变量，否则总希望将它维持恒定。

冷剂压力的波动将引起进入冷凝器的冷剂量变化，这将会影响到回流量的变化。所以一般情况下，对冷剂量也应做定值控制。当精馏塔塔顶馏出物采用空气冷却器的场合，因随着环境温度的变化，外回流液温度往往波动较大，如果精馏塔采用外回流恒定的控制方案，实际上内回流并不恒定。所以为了保证塔的稳定操作，应该采用内回流控制的方案予以克服。内回流通常是指精馏段内上一层塔盘向下一层塔盘流下的液体量。内回流控制是指保持内回流为恒定值或按某一规律变化的操作。

(4) 环境温度的变化

内容略。

5.3.3 操纵变量与被控变量的选取

根据整个精馏塔进出物料的平衡关系，在其他参数不变的条件下，增加进入再沸器的蒸汽量，将使塔底采出量减少，塔顶采出量增多；增加回流量，就使塔顶采出量减少，塔底采出量增多。所以通常都是选择蒸汽量（即再沸器加热量）和回流量作为操纵变量。

影响精馏塔稳定操作的干扰因素有些是可控的，可采用定值控制加以克服；有些是不可控的（如进料量、进料组分），它们最终将反映在塔顶馏出物 X_D 与塔底采出液 X_B 的变化上。所以精馏塔的质量指标控制，最好选择表征塔顶或塔底产品成分作为被控变量，以再沸器加热量或塔顶回流量为操纵变量的直接质量指标控制系统。但由于成分分析仪表滞后较大、反应缓慢而未被广泛采用，因此目前常用间接质量指标温度作为被控变量来代替。然而，在成分分析仪表的性能不断得到改善以后，按产品成分的直接控制方案还是很有潜力的。究竟选择精馏塔内哪点温度或哪几点温度作为被控变量，应视具体情况而定。

（1）塔顶或塔底温度

一般在按沸点来分馏石油中各产品的精馏塔中，以塔顶或塔底温度作为被控变量，即将测温点置于塔顶或塔底。而当要分离出较纯产品时，由于塔顶（或塔底）温度变化很小，这对测温灵敏度提出了很高要求，实际上很难满足。解决的方法是以灵敏板温度作为被控变量。

（2）灵敏板温度

所谓灵敏板，是指当塔的操作受到干扰或控制作用时温度变化最大的那块板，即称灵敏板。根据灵敏板温度进行自动控制，实质上是保证灵敏板上物料组分基本维持恒定。由于一个塔是相互关联的整体，灵敏板处物料组分恒定，也必将保证塔顶或塔底产品组分的恒定或变化很小。

当因干扰作用而使产品组分变化时，在灵敏板处可获得最大的温度变化值，所以以灵敏板温度作为被控变量，塔的产品纯度可以得到更好的保证。

（3）温差控制

一个测温点放在塔顶（或塔底）附近的一块板上，即组分和温度变化较小的位置；另一测温点放在灵敏板，即组分和温度变化较大的位置。取这两点的温差作为被控变量，即称温差控制。这种方案主要应用于苯-甲苯-二甲苯、乙烯-乙烷、丙烯-丙烷等精密蒸馏系统。

因为精密蒸馏中两个组分的相对挥发度差值很小，因组分变化引起的温度变化比因压力变化引起的温度变化要小得多，所以微小压力变化也会造成明显的温度变化，这样就破坏了组分与温度间的对应关系。这对于产品纯度要求很高的精密蒸馏来说，用温度作为被控变量就不能很好地代表产品的成分。而用温差作为被控变量，由于压力波动对每块板的温度影响基本相同，只要将上述检测到的两点温度相减，压力变化的影响几乎完全相互抵消。温差控制方案的应用，关键在于正确选择测温点，合理给出设定值，同时要求操作工况稳定。

5.3.4 精馏塔常用控制方案

精馏塔的控制方案繁多，但它们的控制目的都是为了满足前述三个方面的要求。一般以反映成分的系统为主要控制系统,并配以适当的辅助控制系统,通过这些系统的协调工作完成精馏生产操作的控制。它们的基本形式只有两种:提馏段温度控制和精馏段温度控制。

(1) 提馏段温度控制方案

以提馏段温度作为衡量质量指标的间接参数,以改变加热量作为控制手段的方案,称提馏段温控方案。

这种方案的主要特点和使用场合是:

① 它能直接反映提馏段产品质量情况,能较好地保证塔底产品质量,所以当对釜液的成分要求比馏出液为高时,或当塔顶、精馏段板上温度不能很好反映组分变化时,采用此方案;

② 它对克服首先由提馏段进入塔的干扰比较有效,例如全部液相进料,采用此方案控制就比较及时;

③ 在塔顶回流量 L_R 恒定的情况下,塔的操作比较平稳。

图 5-23 是提馏段温控方案之一。该方案按提馏段温度来改变加热蒸汽量,从而改变再沸器内沸腾蒸汽量 V。用定值控制来保持塔顶回流量 L 恒定。此时塔顶采出量 D 和

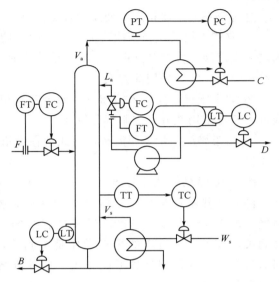

图 5-23 提馏段温控方案之一

塔底采出量 B 都是按物料平衡关系,由液位控制器控制。这种方案目前应用最广泛。

当再沸器加热蒸汽压力波动较大时,可采用温度-流量串级控制系统,如图 5-24 所示。

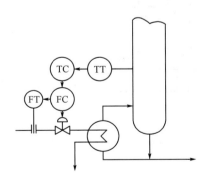

图 5-24 温度-流量串级控制系统

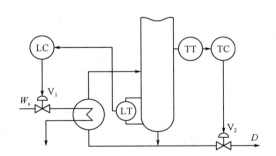

图 5-25 提馏段温控方案之二

当塔底排出量很小,对液位的控制无法用改变采出量 B 来达到时,可采用另一种方案,如图 5-25 所示。按提馏段温度改变釜液流量 B,加热蒸汽流量按塔底液位来控制,并保持 L_R 恒定,此时 D 按回流罐液位来控制。这种控制方案称交叉控制,即温度控制系统与液位控制系统是相互关联的。例如,当塔底轻组分增加时,由于温度降低,温度控制器的输出信号使控制阀 V_2 关小,使质量差的产品排出量减少,这时液位也将上升,液位控制器的输出

信号又使控制阀 V_1 开大，增加蒸汽量，使塔底轻组分含量减小，这种相互关联对控制质量是有利的。

（2）精馏段温度控制方案

以精馏段温度作为衡量质量指标的间接参数，而以改变回流量作为控制手段的方案，称精馏段温控方案。

这种方案的主要特点和使用场合是：

① 它能直接反映精馏段产品质量情况，能较好地保证塔顶产品质量，所以当主要产品为塔顶馏出液，并对其纯度要求较釜液为高时，或当塔底、提馏段板上的温度不能很好反映产品组分变化时，采用此方案；

② 如果干扰首先进入精馏段，如全部气相进料，由于进料变化首先影响到塔顶产品的成分，所以采用此方案控制就比较及时；

③ 由于操纵变量是回流量，因此从保证塔操作的平稳来看，这种方案不如提馏段温控方案好。

图 5-26 是精馏段温控方案之一，这种方案按精馏段指标来改变塔顶回流量 L，并保持再沸器加热蒸汽量恒定。该方案的优点是控制系统滞后小，反应迅速，这对克服进入精馏段的干扰和保证塔顶产品质量是有利的。缺点是回流量经常变化，物料与能量平衡之间关联较大，这对塔的平稳操作是不利的，有时甚至会引起液泛，所以在整定温度控制器参数时，应使回流量平稳变化。这种方案适用于回流比（L/D）较小及某些需要减小滞后的场合。

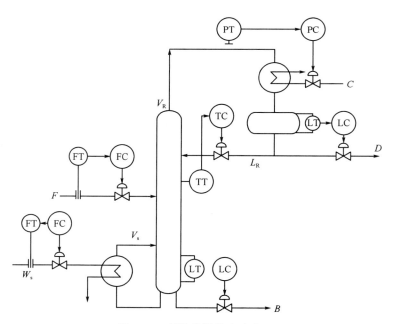

图 5-26 精馏段温控方案之一

对于回流比较大的场合，调节 D 要比调节 L_R 有利。例如 $L_R=50$，$D=1$，则在调节 L_R 流量过程中，L_R 只要改变 1%，D 就将改变 50%，这样就对 L_R 的调节提出了很高要求。此时，为使 D 的流量比较平稳，可采用图 5-27 所示的方案。它根据精馏段塔板温度来改变馏出液 D，并保持 V_R 流量恒定。其主要优点是内回流基本保持不变，物料与流量间平衡关联小，有利于塔的平稳操作。缺点是温度控制系统滞后较大，特别当回流罐容积较大时，滞后现象更显著。

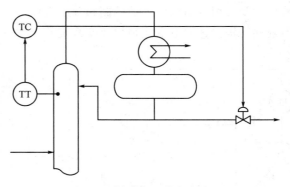

图 5-27　精馏段温控方案之二

炼油厂中，常压塔和减压塔都是只有精馏段的塔，是按精馏段指标来控制的，它们的特点是都有侧线产品，并在每一侧线都有汽提装置，以获得满意的侧线产品。进料来自加热炉，是两相混合物，其温度和流量都预先经过控制。这些塔常用的控制方案是按塔顶温度来控制回流，并保持各侧线流量恒定。图 5-28 是常压塔简化控制流程（中段回流未绘出）。

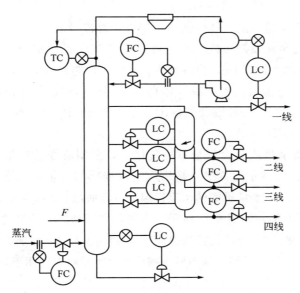

图 5-28　常压塔的简化控制流程

5.3.5　精馏塔塔压的控制方案

在精馏塔的控制中，若塔压恒定，就可以单纯依据温度来间接控制产品质量，而且对生产的平稳操作也是有利的。所以精馏控制中总是采用恒定塔压的控制系统。

根据精馏塔操作压力的不同，有不同的控制方案。

（1）加压塔的压力控制

加压精馏过程中，压力控制方案视塔顶馏出物状态及馏出物中不凝气体含量而定。图 5-29 所示的方案，用于液相出料、塔顶气相中有大量不凝气体存在的情况。此方案采用改变气相排出管线上的控制阀开度来保持压力恒定。由于塔顶有大量不凝气体存在，而不凝气体排出量的改变能很快改变系统的压力，所以滞后很小。

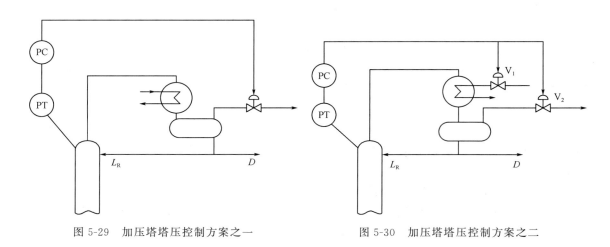

图 5-29　加压塔塔压控制方案之一　　　　　图 5-30　加压塔塔压控制方案之二

当塔顶气相中只含少量不凝气体（其量小于气相总流量的 2%）时，就不能采用上述方案，否则滞后过大，甚至使控制无效。此时可采用图 5-30 所示的分程控制方案。正常操作时，控制器输出信号为 20～60kPa，控制阀 V_1 工作，控制阀 V_2 关闭，塔顶压力靠调节进入冷凝器的冷剂量来维持恒定。当不凝气体在冷凝器中积聚，覆盖冷凝表面，引起压力升高，使阀 V_1 控制失效，当压力控制器的输出信号高于 60kPa 时，阀 V_2 开启，把不凝气体放空，使冷凝器内蒸汽有效冷凝。

当塔顶气相馏出物全凝或只含微量不凝气体时，采用改变传热量（即改变蒸汽冷凝速度）来控制塔压。图 5-31 所示的方案是按塔压来改变冷却水量，以维持塔压的恒定。但当塔顶温度较高时，改变冷却水量可能使水出口温度过高而加快水垢生成，加速冷凝器的腐蚀。此时须采用"浸没式"方案，如图 5-32 所示。冷凝器在回流罐下面，冷却水量不变，用调节 $\Delta p = p_1 - p_2$ 来改变传热面积，从而达到控制塔压的目的。如 Δp 增加，则冷凝器内液面下降，使传热面积增加，所以传热量增加，从而塔压减小。此方案较多应用于石油炼制行业。

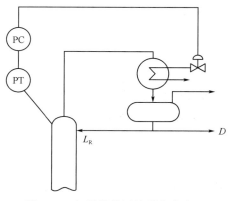 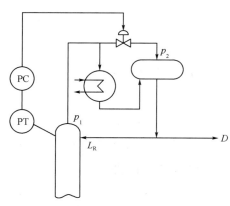

图 5-31　加压塔塔压控制方案之三　　　　　图 5-32　加压塔塔压控制方案之四

图 5-33 所示的方案用于气相出料的情况。调节气相塔顶产品的流量来控制塔压,用于炼制过程中。回流罐液位控制冷却水量,以保证足够的回流量。此方案调节灵敏、滞后小。

(2) 常压塔的压力控制

常压塔对塔顶压力的恒定要求不高,一般只需在回流罐上设置通大气的管道,通过放气来保证塔压接近大气压力,此时塔压将随大气压力的变化而变化。因此,对压力控制要求较严的场合下,应设置塔压控制系统以维持塔压稍高于大气压力。具体方案类似加压塔。

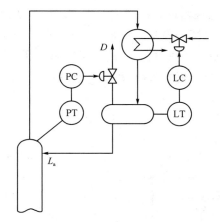

图 5-33 加压塔塔压控制方案之五

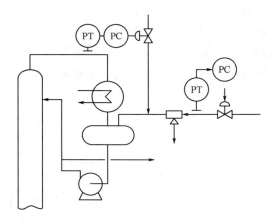

图 5-34 减压塔塔压控制方案

(3) 减压塔的压力控制

减压塔用蒸汽喷射泵和电动真空泵来获得一定的真空度。图 5-34 是用蒸汽喷射泵抽真空时的控制方案,入口蒸汽压力控制系统可克服蒸汽压力波动对真空度的影响。当塔顶真空度低于设定值时,空气控制阀开度关小,使塔内不凝气体抽出量增加,以提高真空度;反之,则开大空气控制阀。

上述精馏塔塔压的控制是属于恒定塔压的控制系统。然而从节能的角度、传质的原理来看,这种恒定塔压控制的操作不是优化的操作。当塔压低时,混合物的相对挥发度高,为了获得相同纯度要求的分离效果所消耗的能量就小,或者说在相同的能耗下,精馏塔的处理量增大,产量提高。所以,在精馏塔的控制中,也有采用浮动塔压控制方案的。

任务 5.4 化学反应器的控制方案设计

化学反应器是石油化工生产中实现化学反应过程的重要设备,其操作的好坏直接影响到生产的产量和质量指标。

化学反应器的种类繁多,有间歇式和连续式两大类,后者又可分单程和循环两种。它们有釜式、塔式、管式、固定床、流化床等各种结构形式,因此在控制上的难易程度相差很大,控制方案也千差万别。有些较易控制的控制方案可以很简单,也很有实效;有些难度就较大，这是由于反应速度快、放热量大或由于设计原因使反应器稳定操作区狭小。

下面只对反应器的控制要求及几种常见的反应器控制方案做简单介绍。

5.4.1 化学反应器的控制要求

(1) 质量指标

化学反应器的质量指标一般指反应达到高转化率或反应生成物达到规定浓度。若以转化率作为被控变量，由于转化率不能直接测量，所以应选取与它有关的参数，经过运算去间接控制转化率。例如聚合釜转化率的控制，是通过控制釜温与进料温度之差来实现的，当进料单体浓度一定时，转化率与温度差成正比，即控制了温度差就保证了转化率。图 5-35 所示的丙烯腈聚合釜转化率间接控制系统就是一例。它通过一个夹套温度 T 随釜内温度 T_r 而变的随动控制系统和釜温与进料温度相差 60℃ 的温差控制系统来实现转化率的控制。

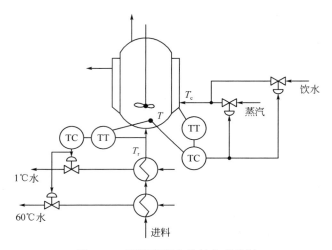

图 5-35　丙烯腈聚合釜转化率控制

也有用反应生成物浓度作为被控变量的，如烧硫铁矿或尾砂的焙烧炉，是取出口气体中 SO_2 的浓度作为被控变量。在成分仪表尚属薄弱环节的条件下，通常采用温度为质量的间接控制指标构成各种控制系统。因为化学反应不是吸热就是放热，反应过程总伴随有热效应，所以，温度是最能够表征质量的间接控制指标。

以反应过程的工艺参数温度作为被控变量，有时不能保证质量稳定。在有些反应中，温度与生成物组分间不完全是单值关系，这就需要不断地根据工况变化去改变温度控制系统的设定值。在有催化剂的反应器中，由于催化剂活性的变化，温度的设定值也应随之变化。

(2) 物料平衡

为使反应正常进行，转化率高，要求参加反应的物料量恒定，配比符合要求。为此，在进入反应器之前，常采用流量定值控制或比值控制。另外，在有一部分物料循环的反应系统内，为保持物料平衡，需另设辅助控制系统。如氨合成过程中的惰性气体自动放空。

(3) 约束条件

要防止出现不正常工况时被控变量进入危险区域。例如，催化接触反应中，温度过高会引起催化剂损坏；氧化反应中，物料配比不当会产生爆炸；流化反应中，流速过高会吹跑固相物料，而流速过低，则形不成固体流态化。为此，应当配置一些报警、联锁或选择控制系统，当工艺参数超越正常范围时，发出信号；当接近危险区域时，把某些阀门打开、切断或者保持在限定位置。

5.4.2 化学反应器的控制方案

(1) 单回路反应温度控制系统

① 改变传热量的方案　由于大多数釜式反应器均有传热面，以引入或移去反应热，所以用改变传热量的方法就能实现釜内反应温度的控制。图 5-36 为一带夹套的反应釜，当釜内温度改变时，用改变加热剂（对于吸热反应）或冷却剂（对于放热反应）流量的方法控制釜内温度。这种方案，系统结构简单，但由于釜容量大，滞后严重，特别当物料黏度大、传热较差、混合又不均匀时，控制质量就不高。

② 改变进料温度的方案　提高进料温度，将使反应层温度升高。图 5-37 所示为一个催化反应器（属于催化剂床层固定于设备中不动的固定床反应器）的反应温度控制方案。在这一流程中，进口物料与出口物料进行热交换，以便回收热量，通过调节进入换热器的出口物料流量改变进口物料温度，达到控制反应层上温度的目的。

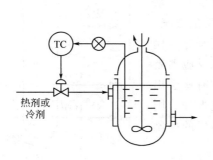

图 5-36　反应釜单回路控制方案之一

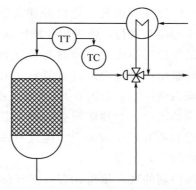

图 5-37　反应釜单回路控制方案之二

(2) 反应温度的串级控制系统

为克服釜式反应器滞后较大的缺点，可采用串级控制方案。根据进入反应釜的主要干扰的不同情况，有釜温与夹套温度串级控制（图 5-38）、釜温与釜压串级控制（图 5-39）等。

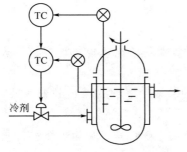

图 5-38　釜温与夹套温度串级控制

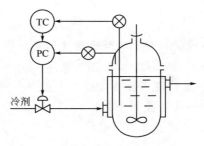

图 5-39　釜温与釜压串级控制

(3) 反应器的分程控制系统

在间歇聚合反应釜中，开车时，如果进料温度较反应温度为低，则采用热剂对物料进行升温加热，待聚合反应进行后，用冷剂移走放出的热量。为此，用分程控制系统来实现冷剂与热剂控制阀的间歇操作，如图 5-40 所示。

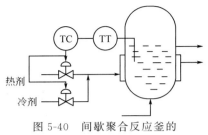

图 5-40 间歇聚合反应釜的分程控制方案

有些反应器，如乙烯装置中的甲烷化反应器和乙炔转化器，它们的进料温度也采用分程控制方案。在开车初期，CO、乙炔含量较高时，由于反应器进料和出料间温差较大，进料经进、出料间在换热器中换热，便足以能将其加热至所需温度。但当 CO 或乙炔含量降低时，出料温度将随反应热的减小而降低，而且运行的后期，由于催化剂活性的降低，要求进料温度比开车初期高，这时进、出料间温差减小，仅由两者换热已不能将进料加热至所需温度。这时，要通过进料预热器用热剂进行加热，为此甲烷化反应器和乙炔转化器的进料温度采用了分程控制系统。

(4) 分段控制方案

某些化学反应要求其反应沿最佳温度分布曲线（即最适宜的温度程序）进行，常采用分段控制反应温度的方案，以使温度沿反应层高度的分布接近最适宜的温度程序。例如，在丙烯腈生产中，丙烯进行氨氧化的沸腾床反应器就常采用分段温度控制，如图 5-41 所示。另外，在有些会出现连锁反应的场合，为预防发生过热，甚至引起爆炸，则采用分段控制的方案比较安全。但这样的方案需要的控制器和控制阀较多，投资较大。

与分段控制的观点相仿，有许多连续聚合过程不是用一个单一的反应釜，而是用若干个串联的反应釜，因为这样各个釜可分别控制在不同的温度，所以对温度分配是有利的。

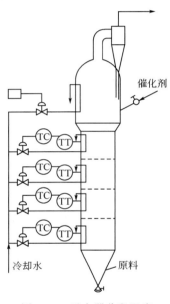

图 5-41 反应器分段温度控制示例

项目小结

本项目介绍了典型石油化工单元的控制方案，其中包括流体输送设备、传热设备、精馏塔、化学反应器的控制方案。

① 流体输送设备的控制，主要介绍了离心泵的控制、容积式泵的控制和离心式压缩机的防喘振控制方案。

② 传热设备的控制，主要介绍了换热器、冷却（冷凝）器、加热炉的控制方案。

③ 精馏塔的控制，仅讨论精馏塔常规的、基本的控制方案，即精馏段温度控制方案、提馏段温度控制方案及精馏塔的塔压控制方案。

④ 化学反应器的控制，化学反应器的控制要求，除了保证物料、热量平衡之外，还需要进行质量指标的控制，以及设置必要的约束条件控制。

思考与习题

5-1 离心泵的控制方案有哪几种？各有什么优缺点？

5-2 若采用图 5-42 所示方案控制往复泵的出口流量是否可行？为什么？

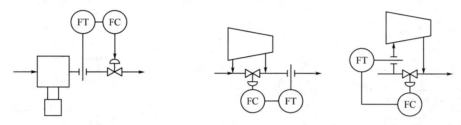

图 5-42 往复泵的流量控制　　　　图 5-43 离心式压缩机的控制方案

5-3 比较图 5-43 所示离心式压缩机两种控制方案的异同点。

5-4 何谓离心式压缩机的喘振？产生喘振的条件是什么？防喘振控制方案有哪几种？

5-5 图 5-44 所示为某压缩机吸入罐压力与压缩机入口流量选择控制系统。为了既防止吸入罐压力过低导致罐子被吸瘪，又防止压缩机流量过低而产生喘振的双重目的，试确定系统中控制阀的开闭形式，控制器的正、反作用及选择器的类型。

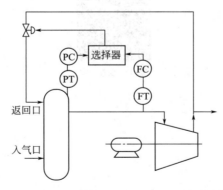

图 5-44 压缩机入罐压力与入口流量选择控制系统

5-6 蒸汽冷凝的加热器常采用哪几种控制方案？各有何特点？

5-7 精馏塔对自动控制有哪些基本要求？

5-8 精馏塔操作的主要干扰有哪些？哪些干扰因素是可控的？常用哪些措施来稳定塔

的操作？

5-9　精馏塔精馏段和提馏段温控方案各有何特点？分别使用在什么场合？

5-10　精馏塔为什么要有回流？为什么要控制精馏塔的塔压？

5-11　化学反应器对自动控制的基本要求是什么？

5-12　化学反应器的控制方案有哪几种？各有什么特点？

5-13　图 5-45 是列管式换热器的带控制点工艺流程图。试问：
① 此是何种控制方案？
② 分析系统的干扰因素有哪些？
③ 若控制阀是气关式，则各控制器应选何种作用方向？

5-14　图 5-46 是某反应釜带控制点工艺流程图。试：
① 指出图中的控制方案；
② 确定控制阀 V_1 和 V_2 的开关形式和控制器 TC 的作用方向，画出阀 V_1 和 V_2 的分程启闭图。

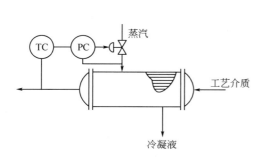

图 5-45　换热器的控制系统

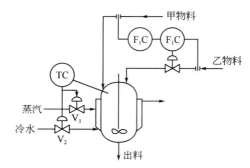

图 5-46　反应釜的控制系统

项目5 参考答案

项目六

典型联锁保护系统设计与实现

自动信号联锁保护是石油化工生产过程自动化的类型之一，它实际上包含信号报警和联锁保护两个方面的内容。当生产装置中某些工艺参数越限或运行状态发生异常时，信号系统就自动地发出声光信号，告诫操作人员注意，并及时采取措施。如工况已达到危险状态，系统立即自动采取紧急措施，打开安全通路或切断某些通路，必要时紧急停车，以防事故的发生和扩大。通过以上控制知识的学习，培养学生的安全意识，鼓励学生不畏艰难，勇于探索。

项目任务

① 了解联锁保护系统与基本过程控制系统的区别。
② 掌握信号报警系统和联锁保护系统的用途及构成。
③ 掌握联锁保护系统的设计要求。
④ 能够对石油化工生产工艺流程中潜在的风险进行分析。
⑤ 能够针对工艺流程潜在风险完成联锁保护系统的设计。

项目实施

加热炉是石油化工生产过程中的重要设备，图 6-1 为石脑油分馏塔塔底重沸加热炉的 PID 图（管路和仪表流程图，Piping & Instrument Diagram）。该加热炉控制方案由两部分构成：一是加热炉入口流量单回路控制；另一个是以加热炉出口温度或流量为主控制回路（温度或流量为选择控制）、加热炉主火嘴压力为副控制回路的串级控制。为了保证安全生产，防止由于生产事故而带来的损失，需要对石脑油分馏塔塔底重沸加热炉进行潜在风险分析，针对不同的风险，按石油化工联锁保护系统的设计要求配备联锁保护系统。

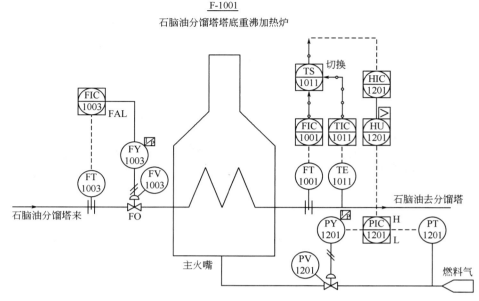

图 6-1　石脑油分馏塔塔底重沸加热炉 PID 图

任务 6.1　石脑油分馏塔塔底重沸加热炉联锁保护系统设计

在石油化工、发电等流程工业领域，紧急停车系统（Emergency Shut Down System，ESD）、燃烧器管理系统（Burner Management System，BMS）、火灾和气体安全系统（Fire and Gas Safety System，FGS）等以安全保护和抑制减轻灾害为目的的安全仪表系统（Safety Instrumented System，SIS）应用广泛。目前安全仪表系统已独立于基本过程控制系统，成为流程工业领域重要的控制系统。联锁保护系统作为安全仪表系统之一，由传感器、逻辑控制器和最终执行元件构成，用于当安全状态发生偏离或异常工况出现时，将工艺过程置于安全状态。

6.1.1　安全仪表系统概述

安全仪表系统是用来执行一个或几个安全仪表功能（Safety Instrumented Function，SIF）的仪表及仪表系统。安全仪表系统一般由传感器、逻辑解算器和最终执行元件组成。安全仪表系统是与安全有关的检测、报警、联锁、控制的各种仪表、控制及自动化系统。

安全仪表系统包括安全联锁系统、紧急停车系统和有毒有害、可燃气体及火灾检测保护系统等。安全仪表系统应独立于过程控制系统，生产正常时处于休眠或静止状态，一旦生产装置或设施出现可能导致安全事故的情况，能够瞬间准确动作，使生产过程安全停止运行或自动导入预定的安全状态，必须有很高的可靠性（即功能安全）和规范的维护管理。如果安全仪表系统失效，往往会导致严重的安全事故，近年来发达国家发生的重大化工（危险化学品）事故大都与安全仪表失效或设置不当有关。根据安全仪表功能失效产生的后果及风险，将安全仪表功能划分为不同的安全完整性等级（Safety Integrity Level，SIL），即 SIL 1～4，最高为 4 级。不同等级的安全仪表回路在设计、制造、安装调试和操作维护方面技术要求不同。

安全仪表系统在功能上不同于基本过程控制系统（Basic Process Control System，BPCS），基本过程控制系统的响应来自工艺流程、相关设备、其他可编程系统的输入信号，以及操作员的输入指令，生成输出信号，使工艺流程及其相关设备的工艺参数（例如温度、压力、流量、液位等）处于期望的设定值，保持工艺装置的正常操作。BPCS 是提供常规控制功能（如 PID 调节）的自动化系统，而非用于"安全保护"用途。具体参阅图 6-2。

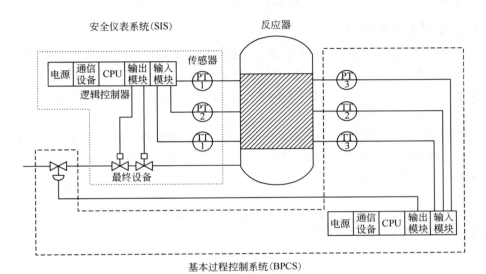

图 6-2 安全仪表系统和基本过程控制系统

6.1.2 信号报警系统

在生产过程中，当某些工艺变量超限或运行状态发生异常情况时，信号报警系统开始动作，发出灯光及音响信号，提醒操作人员注意，督促操作人员采取必要的措施，以改变工况，使生产恢复到正常工作状态。

(1) 信号报警系统的组成

信号报警系统由故障检测元件、信号报警器及其附属的信号灯、音响器和按钮等组成。当某些工艺变量超限时，故障检测元件的接点会自动断开或闭合，并将这个信号送到信号报警器，控制信号灯和音响器进行声、光报警。对于重要的生产工艺或设备，如锅炉汽包液位、转化炉的炉温等重要报警点，故障检测元件要单独设置。有时可以利用带电接点的仪表作为故障检测元件，如电接点压力表、带报警的控制器等。当工艺变量超过设定的限位时，这些仪表可以给报警器提供一个开关信号。

(2) 信号报警系统的基本工作状态

为了便于分析、判断工艺生产和设备的状态，将信号报警系统在自动监视过程中所处的不同阶段分为以下几种基本的工作状态。

① 正常工作状态。此时没有灯光或音响信号。

② 报警状态。当被测工艺参数偏离规定值或运行状态出现异常时，发出音响、灯光信号，以示报警。

③ 确认状态。操作人员发现报警信号后，可以按一下"确认"按钮，从而解除音响信号，保留灯光信号，所以又称消音状。

④ 复位状态。当故障排除后，报警系恢复到正常状态。有些报警系统中，备有"复位"按钮。

⑤ 试验状态。用来检查灯光回路是否完好。**注意**：只能在正常状态下才能按下"试验"按钮，在报警状态下不能进行试验，以防误判断。试验状态也称为试灯状态。

(3) 信号报警系统的分类

① 一般故障灯亮（不闪光）报警系统。一般故障灯亮报警系统，即当被控变量越限时，信号报警系统立即发出声光报警，一旦变量恢复正常，声光报警马上消除。这是最简单、最基本的报警系统，出现故障时灯亮（不闪光）并发出音响，"确认"后音响消除，仍保持灯亮。

② 一般故障闪光报警系统（表6-1）。一般故障闪光报警系统又称为非瞬时故障的报警系统。出现故障时灯闪光并发出音响，"确认"后音响消除，灯光转为平光（不闪光），只有在故障排除以后，灯才熄灭。

表6-1　一般故障闪光报警系统

工作状态	显示器/信号灯	音响器	工作状态	显示器/信号灯	音响器
正常	不亮	不响	报警信号消失	不亮	不响
报警信号输入	闪光	响			
按"确认"按钮	平光	不响	按"试验"按钮	闪光	响

③ 能区别瞬时故障的报警系统（表6-2）。在石油化工生产过程中，有时会遇到工艺参数短时间越限后又很快恢复正常的情况，而这种短期越限（称瞬时故障）又往往是影响质量的先兆。为了引起操作人员的注意，可以选用能够区别故障的报警系统。该系统出现故障后，灯闪光并发出音响，操作人员"确认"后，如果故障已消失（即瞬时故障），则灯熄灭，音响消除；如果故障仍存在（属非瞬时故障），则灯转平光，音响消除，直至故障排除后灯才熄灭。

表6-2　能区别瞬时故障的报警系统

工作状态		显示器/信号灯	音响器
正常		不亮	不响
报警信号输入		闪光	响
按"确认"按钮	瞬时故障	不亮	不响
	非瞬时故障	平光	不响
报警信号消失		不亮	不响
按"试验"按钮		闪光	响

④ 能区别第一故障的报警系统（表6-3）。在生产过程中，工艺上常出现这种情况：当一个工艺参数越限报警后，引起另外一些工艺参数接二连三地越限报警。为了便于寻找产生故障的根本原因，需要把首先出现的故障信号（称为第一故障）跟后来相继出现的故障信号（称为第二故障）区别开来。这时，可选用能区别第一故障的报警系统。在出现故障后灯亮，发出音响，并以灯闪光表示第一故障，灯平光表示第二故障。操作人员"确认"后，音响消除，灯光不变。在这类系统中，还往往设有"复位"按钮，以区别瞬时故障还是非瞬时故障。按下"复位"按钮以后，若灯熄灭，表示故障已消失，若灯仍亮，表示故障仍存在。

表 6-3 能区别第一故障的报警系统

工作状态	第一故障显示器/信号灯	显示器/信号灯	音响器	备注
正常	不亮	不亮	不响	
第一报警信号输入	闪光	平光	响	有第二报警信号输入
按"确认"按钮	闪光	平光	不响	
报警信号消失	不亮	不亮	不响	
按"试验"按钮	亮	亮	响	

⑤ 延时报警系统。有的情况下，工艺上允许短时间参数越限。为避免报警系统过于频繁地报警，可以采用延时报警系统。只有在故障持续时间超过规定时间范围时才发出报警。

⑥ 不一致报警系统。当阀门开闭状态或机泵等设备运停状态与室内手动开关指示位置不一致时，发出声、光报警信号。

（4）自动信号的分类

① 位置信号。一般用以表示被监视对象的工作状态，例如阀门的开闭、接触器的通断。

② 指令信号。把预先确定的指令从一个车间、控制室传递到其他车间和控制室。

③ 保护作用信号。用以表示某自动保护或联锁工作状况的信息。当工艺变量超过规定数值范围时发出报警。这类信号分两种：一种是报警信号，即被监视变量超出正常值，但尚未超出允许值；另一种是事故信号，也叫联锁信号，即被监视变量已超出允许值。前一种信号要求操作者引起注意。后一种信号要求立即采取措施，常常伴随着联锁系统也起作用。

6.1.3 联锁保护系统

（1）联锁保护系统的内容

在生产过程中，有时会出现一般自动控制系统无法适应的情况。当工艺过程出现异常工况（某些关键变量超限幅度较大）时，如不及时采取必要的措施，将会发生极为严重的事故，造成重大的经济损失或人员伤亡。为此，通过联锁保护系统，按照事先设计好的逻辑关系动作，自动启动备用设备或自动停车，切断与事故有关的各种联系，以避免事故的发生或限制事故的发展，防止事故的进一步扩大，保护人身和设备安全。自动联锁保护系统一般和自动信号报警系统一起使用。

联锁保护系统实质上是一种安全仪表系统，主要包括工艺联锁、机组联锁、程序联锁及各种泵类的启停联锁、火气系统五种基本类型。

① 工艺联锁（即工艺联锁保护系统）。工艺联锁可分为单元联锁、装置联锁和全厂联锁。工艺联锁是由于工艺系统某变量超限而引起的联锁动作。例如，在合成氨装置中，锅炉给水流量越（低）限时，自动开启备用透平给水，实现工艺联锁。

② 机组联锁。运转设备本身或机组之间的联锁，称为"机组联锁"。例如，合成氨装置中合成气压缩机停车系统，冷冻机停或压缩机轴系仪表振动，或位移超高、轴承温度超高等异常情况发生，都会导致压缩机停车。

③ 程序联锁。程序联锁确保按预定程序或时间次序对工艺设备进行自动操作。如合成氨的辅助锅炉引火烧嘴检查、回火、脱火停止燃料气的联锁。为了达到安全点火的目的，在点火前必须保证炉膛内无可燃气体，并对炉膛内气体压力进行检查，然后用空气对炉膛进行吹扫，吹扫完毕后方可打开燃料气总管阀门，实施点火，即整个操作过程必须按"燃料气阀门关—炉膛内气压检查—空气吹扫—打开燃料气阀门—点火"的操作顺序进行。如果不按照这个顺序进行，由于联锁的作用，就不能实现点火操作，只有按上述点火程序，才能确保安全点火操作。

④ 各种泵类的启停联锁。各种泵类的开停联锁是指各种泵类的单机启动与停止受联锁触点控制。

⑤ 火气系统。火气系统（Fire & Gas Detection Alarm Systemn，FGS）是用于监控火灾和可燃气及毒气泄漏事故并具备报警和一定灭火功能的安全控制系统。控制系统的核心一般为高性能 PLC，现场有火焰探测器、感烟探头、感温探头、手动火灾报警按钮、灭火系统、可燃气探测器、毒气探测器等，由此组成一个完整的火灾和气体泄漏报警控制系统。在现场发生火灾或气体泄漏报警时，通过现场探头的自动检测或现场工人的手动触发引起火灾或气体泄漏报警，以保障事故的控制和人员及设施的安全。

（2）联锁保护系统的作用

联锁保护的作用，是通过信号联锁提供符合工艺逻辑要求的启、停条件。当工艺参数越限、工艺设备故障、联锁部件失电或元器件本身故障时，系统能自动或手动地将工艺操作转换到预先设定的位置，使工艺装置处于安全的生产状态中，即使事故发生也能使经济损失或危险性降到最低限度。

① 信号报警。当某一参数越限时，立即发出报警，提醒操作员处理。

② 调度指挥生产。在工业生产过程中，利用各信号间的联锁关系，实现特定的工艺操作要求，尤其是生产的启动、停车过程，一方面要实现安保作用，另一方面还要起生产指挥调度的作用。

③ 利用信号联锁实现生产的自动化或半自动化。

④ 利用信号联锁实现简单的顺序或程序控制。

⑤ 对生产过程中的不正常运行状态进行监控。

（3）联锁保护系统的构成

联锁保护系统主要由检测元件、逻辑单元和执行元件三部分组成，如图 6-3 所示。

① 检测元件。又称为发信元件，包括各种工艺参数或设备状态检测接点、控制开关、按钮、选择开关及操作指令等，起参数检测、发布指令的作用。这些元件的通、断状态就是自动联锁保护系统的输入信号。常用的有温度、压力、流量、液位开关及各种测量变送器的

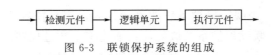

图 6-3 联锁保护系统的组成

设定上限、下限等。联锁保护系统中的测量仪表宜采用模拟量测量仪表。

② 逻辑单元。构成联锁保护系统的逻辑单元有两种：电气机械型继电器和电子式逻辑控制器。

电气机械型继电器由不同形式的触头构成逻辑功能，因此逻辑运算功能不强，灵活性差，修改控制逻辑功能比较困难。由于继电器含有机械部件，存在机械磨损、弹簧松动、触头氧化、线圈发热等问题，故可靠性较差，维护工作量大，使用寿命不长。继电器从本质上来说不具有故障安全特性，因为继电器的触头有可能粘在一起，可能出现弹簧不能使开关触点返回非励磁位置的情况。

电子式逻辑控制器是指可编程控制器、分散控制系统控制器或专用的独立微处理器等。电子式逻辑控制器功能强，灵活性好，可以任意改变控制程序。电子式逻辑控制器采用大规模集成电路，体积小，可靠性高，平均故障间隔时间远高于继电器。

③ 执行元件。又称输出元件，包括报警显示元件和操纵设备的执行元件。报警显示元件有信号灯、各种音响器等，执行元件有电磁阀、电机启动器等。这些元件由系统的输出信号（逻辑单元输出的控制信号）驱动。

6.1.4 联锁保护系统设计

联锁保护系统设计中，联锁逻辑采用国际通用的布尔代数运算规则；联锁逻辑表示的是联锁状态下的逻辑关系；联锁旁路开关可采用逻辑控制系统中的软开关。设计输入联锁旁路时，应仅在输入信号入口将其旁路，联锁旁路逻辑不应屏蔽报警功能。人工紧急停车的逻辑设计应不受任何工艺条件的旁路信号的影响。对不允许自动复位的联锁保护逻辑，必须设置输出自锁功能。

(1) 联锁逻辑描述方法

① 结构化文本（structured text）。结构化文本具有灵活性，不需要专门的知识和技能。

② 因果图（cause-and-effect diagrams）。因果图采用矩阵表达逻辑关系，逻辑关系直观，易于理解，特别适合于关断逻辑，在实际应用中难以表达数学计算、时序等功能要求。

③ 功能逻辑图（binary logic diagrams）。逻辑图比因果图灵活，易于实现控制器编程组态，主要应用于石油、化工等连续工艺的复杂逻辑描述。

(2) 联锁保护系统设计原则

① 独立设置原则。联锁保护系统应独立于基本过程控制系统（BPCS），以降低控制功能和安全功能同时失效的概率，使联锁保护系统不依附于过程控制系统就能独立完成自动保护的安全功能。要求独立设置的部分有检测元件、执行元件、逻辑运算器和联锁保护系统与过程控制系统之间的通信。复杂装置的联锁保护系统宜合理地分解为若干子系统，各子系统相对独立，分组设置后备手动功能。

② 冗余结构原则。联锁保护系统不宜采用可靠性较低的元件构成冗余。对存在共模故

障（如仪表导压管的堵塞、腐蚀、电源故障等）情况，宜采用不同技术的冗余结构。

③ 故障安全型原则。当联锁保护系统的测量仪表、逻辑控制器、最终元件等内部产生故障，不能继续工作时，联锁保护系统应能使石油化工生产过程转入安全状态。联锁保护系统的检测元件及最终执行元件在系统正常时应是励磁的，即联锁触发开关正常时为"1"，故障触发时为"0"。

④ 结构选择原则。联锁保护系统可采用电气、电子或可编程电子（E/E/PE）技术，也可采用组合的混合技术方案。继电器本质上不是故障安全型的。高负荷、周期性频繁改变状态及复杂控制逻辑的应用环境不宜采用继电器。

⑤ 中间环节最少原则。联锁保护系统中间环节应最少。一个系统的故障率是组成系统的各个环节的故障率之和。组成系统的环节越少，系统的故障率越低，即系统的可靠性越高。同时增加环节会带来不确定性，而降低系统可靠性。

（3）输入信号设计要求

联锁保护系统中输入信号遵循表 6-4 设计要求。

表 6-4 输入信号设计要求

信号功能状态	逻辑状态	触点状态	系统发出命令	说明
模拟量正常	1	闭合	联锁不触发	与设定值比较后，数值正常，不联锁
模拟量报警	0	断开	联锁触发	与设定值比较后，数值异常，发生联锁
开关量正常	1	闭合	联锁不触发	工艺流程正常，不联锁
开关量报警	0	断开	联锁触发	工艺流程异常，发生联锁
联锁旁路实施	1	闭合	联锁不触发	联锁失效
联锁旁路不实施	0	断开	联锁触发	联锁有效
紧急停车按钮正常	1	闭合	正常运行	
紧急停车按钮按下	0	断开	紧急停车	
复位按钮按下	1		发出复位命令	
复位按钮自然状态	0		不发出复位命令	

（4）输出信号设计要求

联锁系统中输出信号遵循表 6-5 设计要求。

表 6-5 输出信号设计原则

信号功能状态	逻辑状态	触点状态	工艺状态	说明
电磁阀无联锁	1	闭合	工艺正常运行	信号"1"表示正常状态电磁阀带电励磁
电磁阀联锁	0	断开	发生联锁	信号"0"表示异常状态电磁阀失电失磁
联锁启动电机	1	闭合	电机启动	启动命令使触点闭合或发出正脉冲，让电气常开触点闭合，电机启动
联锁停止电机	0	断开	电机停止	停止命令使触点断开或发出负脉冲，让电气常闭触点断开，电机停止

对于可靠性要求较高的设备，联锁保护系统应采用输出信号冗余设计。以切断阀配置冗余电磁阀为例，冗余输出信号设计要求如下。

a. 当系统要求高安全性时，切断阀配冗余电磁阀配置方案如图 6-4 所示。

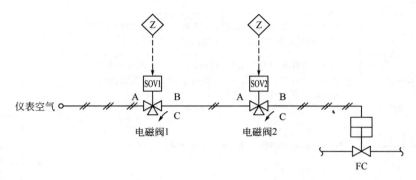

图 6-4　切断阀配冗余电磁阀配置方案（一）

当电磁阀 1 励磁，A—B 通；电磁阀 2 励磁，A—B 通，则切断阀开。当电磁阀 1 励磁，A—B 通；电磁阀 2 非励磁，B—C 通，则切断阀关。当电磁阀 1 非励磁，B—C 通；电磁阀 2 励磁，A—B 通，则切断阀关。当电磁阀 1 非励磁，B—C 通；电磁阀 2 非励磁，B—C 通，则切断阀关。

b. 当系统要求高可用性时，切断阀配冗余电磁阀配置方案如图 6-5 所示。

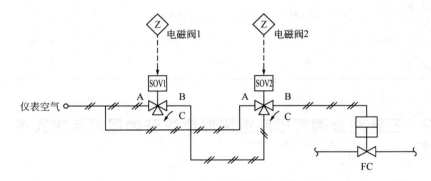

图 6-5　切断阀配冗余电磁阀配置方案（二）

当电磁阀 1 励磁，A—B 通；电磁阀 2 励磁，A—B 通，则切断阀开。当电磁阀 1 励磁，A—B 通；电磁阀 2 非励磁，B—C 通，则切断阀开。当电磁阀 1 非励磁，B—C 通；电磁阀 2 励磁，A—B 通，则切断阀开。当电磁阀 1 非励磁，B—C 通；电磁阀 2 非励磁，B—C 通，则切断阀关。

(5) 常用逻辑元件图形符号

逻辑元件种类繁多，在此仅介绍一些常用逻辑元件，如表 6-6 所示。

表 6-6　常用逻辑元件图形符号

图形符号	功能说明	其他说明
A—[&]—C（输入B）	与门。只有当所有输入端都是高电平（逻辑"1"）时，该电路输出才是高电平（逻辑"1"），否则输出为低电平（逻辑"0"）	$C=AB$
A—[≥1]—C（输入B）	或门。只要有一个或几个输入端是"1"，或门的输出即为"1"。而只有所有输入端为"0"时，输出才为"0"	$C=A+B$
A—[▷∘]—C	非门。当输入端为高电平（逻辑"1"）时，输出端为低电平（逻辑"0"）；反之，当输入端为低电平（逻辑"0"）时，输出端则为高电平（逻辑"1"）	$C=\overline{A}$
[t　0]	"0—1"延时。当输入为1时，输出延时 t 后，变为1	输入/输出波形图
[PO　t]	单稳触发器。当输入由 0 变为 1 时，输出即变为 1；经过 t 后，输出变为 0，与输入信号 1 状态的长短无关	输入或输入/输出波形图
三取二组合逻辑（2oo3）	当输入信号有 2 个以上为 0 时，输出即为 0	三个≥1门接&门的逻辑图

任务 6.2　石脑油分馏塔塔底重沸加热炉联锁保护系统实现

联锁保护系统工程设计主要分为可行性研究、基础工程设计和详细工程设计三个阶段。主要完成如下工作：根据工艺装置的安全及自动化水平要求，选择联锁保护系统的方案，即选用继电器、固态逻辑电路或可编程电子系统；确定安全联锁系统的安全等级及 I/O 点数；选择每一个联锁回路的结构，以满足工艺过程的安全要求；考虑潜在共模故障的消除方式；编制测量仪表、控制系统、最终执行元件的技术规格书；以管道仪表流程图（PID）及工艺安全联锁说明为依据，确定安全联锁系统的输入、输出信号类型、数量及逻辑关系；编制联锁系统的技术规格书、硬件配置图、功能逻辑说明、I/O 清单、联锁及报警设定值等。

6.2.1　工艺流程中潜在风险分析

联锁保护系统的主要功能由工艺过程、工艺设备的保护要求及控制要求所决定。联锁保护系统设计以危险与可操作性（Hazard and Operability Studies，HAZOP）分析为基础，对现有工艺过程中存在的潜在风险进行评估，如果潜在的风险不可接受，应设置联锁保护回路，降低风险。风险评估应首先考虑到工艺事故，工艺事故的发生往往是由于工艺变量越限造成的，对待工艺事故的处理方式一般有切断进料阀、减少工艺对象的能源、引入缓解事故扩大的其他工艺介质、停止动设备运转。

石脑油分馏塔塔底重沸加热炉控制方案，在正常工况下，可以满足加热炉控制要求，但在以下工况，加热炉控制会存在某些风险。

① 当加热炉进料流量过低或中断时，应切断燃料气，熄灭主火嘴，以防止炉管干烧而损坏。

② 当加热炉出口介质温度过高时，应切断燃料气，熄灭主火嘴，以防止过热的石脑油进入分馏塔底，导致分馏塔工作异常。

③ 当主火嘴燃料气压力过低时，应切断主火嘴燃料气，熄灭主火嘴，以防止发生加热炉熄灭，燃料气在加热炉内部聚集，导致遇明火爆炸的事故。

④ 当长明灯燃料气压力过低时，应切断主火嘴和长明灯燃料气，熄灭主火嘴和长明灯，以防止发生加热炉熄灭，燃料气在加热炉内部聚集，导致遇明火爆炸的事故。

针对加热炉在运行过程中存在的风险，加热炉应设置主火嘴燃料气切断阀、长明灯燃料气切断阀，以实现事故状态下切断燃料气、熄灭加热炉的目的；同时还需要增加主火嘴燃料气压力检测、长明灯燃料气压力检测、加热炉入口介质流量检测、加热炉出口介质温度检测以及事故状态下手动熄灭主火嘴和长明灯按钮等。

6.2.2 联锁保护系统功能逻辑说明

在保证安全生产的前提下，为使加热炉满足工艺要求，设计了图 6-6 所示的石脑油分馏塔塔底重沸加热炉联锁保护系统。当工艺参数越限，达到危险状态时，触发相应的联锁回路动作，最终通过切断加热炉燃料气，实现停炉的功能。联锁动作分为两种：一是电磁阀 XSV1201A、XSV1201B 失电，切断加热炉主火嘴燃料气阀 UV1201 供气，UV1201 关闭，切断主火嘴燃料气；二是电磁阀 XSV1202A、XSV1202B 失电，切断加热炉长明灯燃料气阀 UV1202 供气，UV1202 关闭，切断长明灯燃料气。

联锁回路描述如下。

① 石脑油入加热炉流量低 FSLL1003A 联锁：增设石脑油流量测量仪表 FT1003A，设置流量低低联锁报警回路 FSLL1003A。当石脑油流量过低或中断时，FSLL1003A 联锁动作，使主火嘴燃料气切断阀（UV1201）电磁阀（USV1201A，USV1201B）线圈失电，电磁阀动作，切断阀供气停止，气开式燃料气切断阀关闭，切断燃料气。联锁动作以后，联锁系统不能自动复位，只有经过检查并确认流量正常后，才能人工复位，投入运行，以免误操作而造成事故。

② 加热炉主火嘴燃料气压力低低 PSLL1201A、PSLL1201B、PSLL1201C 三取二联锁：增设 3 台加热炉主火嘴压力测量仪表（PT1201A、PT1201B、PT1201C），设置加热炉长明灯燃料气压力低低三取二联锁报警回路 PSLL1201，当 3 台压力测量仪表有 2 台以上达到联锁动作值，PSLL1201 联锁动作，主火嘴燃料气切断阀（UV1201）关闭，切断燃料气。联锁动作以后需人工复位。

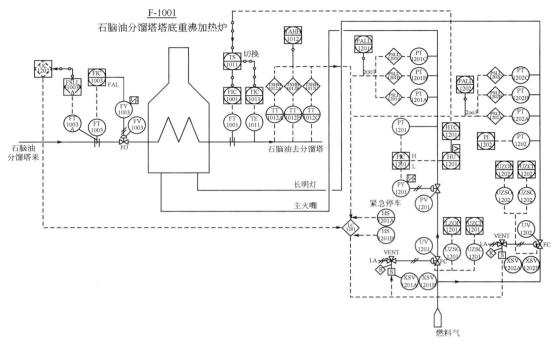

图 6-6　石脑油分馏塔塔底重沸加热炉 PID 图

③ 石脑油出加热炉温度高高 TSHH1012A、TSHH1012B、TSHH1012C 三取二联锁：增设 3 台石脑油出加热炉温度测量仪表（TT1012A、TT1012B、TT1012C），设置石脑油出加热炉温度高高三取二联锁报警回路 TSHH1012，当 3 台温度测量仪表有 2 台以上达到联锁动作值，TSHH1012 联锁动作，主火嘴燃料气切断阀（UV1201）关闭，切断燃料气。联锁动作以后需人工复位。

④ 主火嘴紧急停车：紧急状态下通过手动按钮 HS1201A，关闭主火嘴燃料气切断阀。

⑤ 加热炉长明灯燃料气压力低低 PSLL1202A、PSLL1202B、PSLL1202C 三取二联锁：设置 3 台加热炉长明灯压力测量仪表（PT1202A、PT1202B、PT1202C），设置加热炉长明灯燃料气压力低低三取二联锁报警回路 PSLL1202，当 3 台压力测量仪表有 2 台以上达到联锁动作值，PSLL1202 联锁动作，使长明灯燃料气切断阀（UV1202）电磁阀（USV1202A、USV1202B）线圈失电，电磁阀动作，切断阀供气停止，气开式燃料气切断阀关闭，切断燃料气，以防回火造成事故。联锁动作以后，联锁系统不能自动复位，只有经过检查并确认危险消除后，才能人工复位，投入运行，以免误操作而造成事故。加热炉长明灯燃料气压力低低 PSLL1202 联锁动作，也是停主火嘴的联锁条件之一。

⑥ 长明灯紧急停车：紧急状态下通过手动按钮 HS1201B，关闭长明灯燃料气切断阀。

⑦ 联锁复位：联锁动作后，在工艺参数正常后，通过联锁复位按钮 HS1200A、HS1200B，使联锁回路恢复正常状态，即打开主火嘴及长明灯燃料气阀门。

6.2.3　联锁保护系统逻辑原理图

石脑油分馏塔塔底重沸加热炉 F1001 联锁保护系统逻辑原理图如图 6-7 所示。

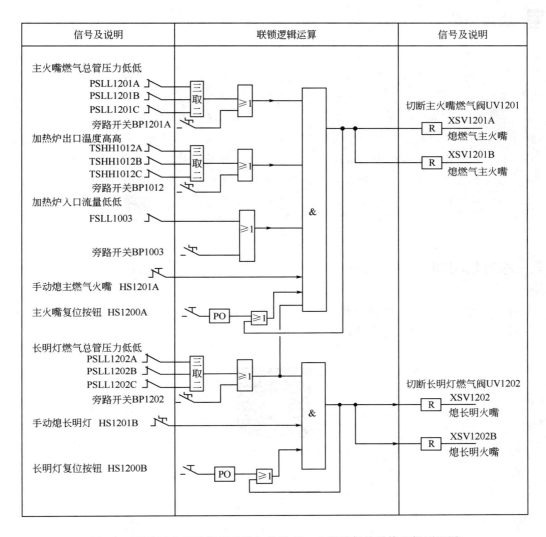

图 6-7　石脑油分馏塔塔底重沸加热炉 F1001 联锁保护系统逻辑原理图

针对工艺事故设计联锁保护系统时，应注意以下几点：
① 动设备或其他设备的停车，必须按规定的顺序进行，防止设备损坏。
② 在不安全状态结束前，应防止工艺装置或设备再启动。
③ 基本过程控制系统（BPCS）应复位到工艺过程启动时的设定值，以防止控制阀开度在极限位置，而使工艺过程进入不安全状态。
④ 尽可能防止操作人员对安全和联锁系统误操作，导致不安全的启动或停车。

联锁保护系统设计优先选用故障安全型，连续变量和关键开关量的报警及联锁保护逻辑的动作都应设置报警和记录。联锁保护系统逻辑控制器产生的所有报警和联锁状态信号，无论是用于内部报警还是外部报警，无论用于声光还是记录，无论是控制器内部的软接点还是输出的硬接点，报警及联锁状态均为"0"，正常状态均为"1"。

项目小结

本章介绍了信号报警系统以及作为安全仪表系统之一的联锁保护系统的作用及系统构成等相关知识；涵盖了信号报警系统的基本工作状态、分类，联锁保护系统的设计原则，输入输出信号的设计要求，联锁逻辑描述方法和常用逻辑元件等相关知识；并以石脑油分馏塔塔底重沸加热炉联锁保护系统项目设计为例，采用危险与可操作性分析的方法，对工艺过程中存在的潜在风险进行评估，以此为基础对联锁保护系统中各联锁回路的安全仪表功能进行分析，采用石化行业联锁保护设计中常用的、易于实现控制器编程组态的功能逻辑图，绘制了联锁保护系统逻辑原理图。

思考与习题

6-1 简述联锁保护系统设计原则。

6-2 简述联锁保护系统设计的实施过程。

项目6 参考答案

项目七

控制系统工程设计

本项目简单介绍控制系统工程设计的基本知识，包括工程设计的基本任务、设计步骤、设计内容和绘制方法，重点讲述工艺控制流程图、仪表设备的选择及仪表盘正面布置图、仪表盘背面电气接线图等基本设计文件，最后对信号报警与联锁保护系统的设计做了简要说明。

学习工程设计的目的是培养学生综合运用所学专业的基本理论、基本知识和基本技能，分析和解决工程中实际问题的能力。通过对本项目的学习，应学会看图、识图，掌握自控设备的安装及接线等必备技能，了解信号报警联锁系统的重要性，培养严谨细致、团结协作的精神，为以后走上工作岗位打下良好的基础。

项目任务

① 掌握工程设计的基本任务、设计总体步骤及设计基本过程。
② 了解自控工程建设行业标准。
③ 掌握仪表位号及回路位号命名方法，并能对仪表位号及回路进行命名。
④ 能读懂仪表连接线、仪表设备与功能、执行机构、调节机构的图形符号。
⑤ 掌握控制方案设计涉及的主要内容，能读懂工艺控制流程图。
⑥ 掌握根据工艺生产实际情况对检测元件和控制阀进行合理选型的方法。
⑦ 掌握接线图中仪表管线编号方法，能读懂仪表盘正面布置图和背面电气接线图。
⑧ 掌握信号报警与联锁保护系统设计的基本要求和设计原则。

项目实施

任务 7.1 工程设计的基本构成

过程控制工程设计，就是将实现生产过程自动化的内容，用设计图纸和文字资料进行表达的全部工作。设计文件和图纸一方面提供给上级机关,以便对该建设项目进行审批,另一方面作为施工建设单位进行施工安装的依据,同时也是日常生产过程使用与维护的基础资料。

7.1.1 工程设计的基本任务与设计宗旨

仪表自动化工程设计的基本任务,是为生产过程和机组运行设计一套监控及管理系统,对生产工艺过程中的温度、压力、流量、物位、成分、位置、速度等各类质量参数,进行自动检测、反馈控制、顺序控制、程序控制、人工遥控及安全保护(如自动信号报警与联锁保护系统等)等方面的设计,并进行与之配套的相关工程(如控制室、配电、气源,以及水、蒸汽、原料、成品计量等)的辅助设计。

在实际工作中,必须按照国家的经济政策,结合工艺特点进行精心设计。一切设计既要注意企业情况,又要符合国情,严格以科学的态度执行相关技术标准和规定,在此基础上建立设计项目的特色。总之,工程设计的宗旨应切合实际生产工艺的要求,技术要先进,系统要可靠,设备要安全,投入要经济,效益要最大。

7.1.2 工程设计总体步骤

一般,工程设计分三个阶段进行,即设计准备阶段、初步设计阶段和施工图设计阶段。对于工艺条件苛刻、技术复杂且缺乏成熟设计经验的项目,还需在初步设计完成后进行可行性研究和试验。设计工作之所以要分阶段进行,是为了便于审查,随时纠正错误,避免或减少不必要的经济损失,及时协调各专业间的关系,使设计工作能顺利地按计划完成。

a. 设计准备阶段的主要任务是各类资料的收集,为初步设计与施工图设计做准备。另外进行大项目设计时,还要进行必要的人事组织分工。

b. 在初步设计阶段,必须深入了解工艺流程特点,确定控制方案,正确地选择控制仪表和自控设备的材质,确定中央控制室位置,明确电缆走向等。初步设计中如出现某些难度较大而工程上又要求必须解决的技术问题,应请示上级审批,进行必要的可行性试验。一般问题可以结合施工图设计,做进一步的深入调研来解决。

c. 当初步设计的审批文件下达后,应着手施工图设计。施工图是进行施工用的技术文件(图纸资料),必须从施工的角度出发,通过设计来解决施工中的细节问题。在施工图设计完成后,不允许再留下技术上未解决的问题。

d. 最后对图纸进行审核、校对。施工图完成以后,将设计文件和图纸下发给施工建设单位、设备材料供应单位和生产单位,进行施工准备、订货制造和生产准备工作。

7.1.3 自控工程设计基本过程

接到一个工程项目后,在进行自控系统的工程设计时,一般应按照以下所述的过程和方法来完成。

(1) 熟悉相关的工艺流程

熟悉工艺流程是自控设计的第一步。自控设计人员对工艺数据的了解程度是关系到设计是否成功的重要因素,收集生产过程的各种数据,包括生产过程中各种物料的物理、化学性质,生产过程中物料的反应方式,生产过程中重要控制参数及各种参数的控制数据等。

(2) 确定自控方案，完成带控制点的工艺流程图（PID）的绘制

确定自控方案，完成带控制点的工艺流程图（PID）的绘制，要与工艺设计人员进行多次的工艺生产过程的讨论，如检测点安装位置的选择和各种控制方案的选择。特别是一些滞后较大、负荷变化较快的对象，要合理地选择控制点和控制方案。设计方案中要考虑到各种安全措施，如生产过程中出现的高温、高压，产生的有毒气体，都要用有效的安全措施进行控制，以保证安全生产。完成以上工作后，应完成带控制点的工艺流程图（PID 图）。

(3) 仪表选型，完成仪表数据表（规格书）

首先要确定控制装置，即选择 DCS、PLC、现场总线，还是常规控制装置。其次根据已确定的控制方案和所有的检测点，按照工艺提供的数据及仪表选型的原则，查阅有关的产品目录、产品样本与说明书，调研产品的性能、质量和价格，选定检测、变送、显示、控制等各类仪表的技术要求和技术规格，选择检测仪表、控制阀等设备。这里涉及节流装置系数的计算、控制阀 C_V 值的计算等。以上述的各种技术数据为基础，统一汇总到仪表数据表中。

(4) 控制室的设计

控制室的设计包括控制室的位置、大小、方位等要根据实际项目内容进行设计，控制室的位置要位于安全区域内，选择接近现场、方便操作的地方，且当装置内存在有毒气体或易燃介质时，控制室要在主导风向上风侧背对着装置。还应向土建、水暖、电气等专业提出有关的设计条件。完成控制室的主体设计后，要对控制室内的仪表盘柜的布置、系统接地、柜内端子接线图、仪表回路图等进行全面的设计。

(5) 仪表供电和供气系统的设计

仪表供电和供气系统的设计需按照控制系统和仪表的供电负荷大小及配置方式，确定供电安全级别、供电配置装置，画出仪表供电系统图。对于用压缩气体作为能源工作的仪表，供气系统也是必不可少的。根据生产现场实际情况分配气源，以保证正常供气压力为基础，画出供气系统图。完成供电、供气设计后，要向其他部门提出相关的设计要求，如向电气专业提供负荷能力的要求，向管网专业提供用气量要求等。

(6) 完成控制室与现场间联系相关设计文件

土建、管道等专业的工程设计深入开展后，自控专业的现场条件也就清楚了。此时，按照现场的仪表设备的方位、控制室与现场的相对位置及其他联系要求，进行仪表管线、电缆的配置工作。绘制完成电缆表、转接线表、仪表位置图、仪表电缆桥架布置图等内容，并进行整理。

(7) 选用辅助材料

根据相关规范，对仪表设备的安装涉及的辅助材料进行选择，如仪表阀门、垫片、焊接用法兰、管件等。这些设备材料需根据施工要求，进行数量统计，编制仪表安装综合材料表。

(8) 设计文件的校审、签署和会签

设计工作基本完成后，要对所有的设计文件进行整理，并编制设计文件目录、仪表设计规定、仪表施工安装要求等工程设计文件。为保证初步设计和整个施工图的质量，各专业负责人应该对设计文件、图纸质量进行层层把关，进行校对、审定。

（9）参加施工、后期系统运行的维护

设计图纸完成后，设计单位要指派设计代表到现场配合施工，了解并解决设计文件在施工中出现的各种问题，并保证生产过程顺利开工运行。

7.1.4 自控工程项目设计应完成的内容

过程控制的工程设计是以某一具体生产工序为对象，以这个对象的生产工艺机理、流程特点、操作条件、设备及管道布置状况为基础，按一定控制要求所进行的自动化设计。

在不同的设计阶段，其设计内容和设计深度也有所不同。由于施工图设计资料既作为基建阶段施工安装的依据，又是正式投产后对自控系统进行维护和改进的技术参考，所以应十分重视和严格把关。

下面以采用计算机控制（或DCS控制）的施工图设计为例，介绍施工设计图纸的主要设计内容：

a. 自控图纸目录；
b. 设计说明书；
c. 管道及带控制点的仪表流程图（PID图）；
d. 仪表平面布置图；
e. 仪表安装方案图；
f. 仪表回路图（包括复杂控制系统图）；
g. 仪表规格书（仪表数据表）；
h. DCS（或SIS）I/O索引表；
i. 控制室平面布置图；
j. 仪表（盘）柜布置图和仪表接线图；
k. 仪表主电缆槽敷设图及电缆连接表；
l. 仪表供电系统图和接地系统图；
m. 仪表供气系统图；
n. 综合材料表。

7.1.5 自控工程建设行业标准

自控工程建设行业标准见表7-1和表7-2。

表7-1 石化自控工程建设标准体系2018

标准编号	标准项目名称	标准状态	分类
SH/T 3105—2018	石油化工仪表管线平面布置图形符号及文字代码	现行	基础标准
SH/T 3005—2016	石油化工自动化仪表选型设计规范	现行	通用标准
SH/T 3092—2013	石油化工分散控制系统设计规范	现行	通用标准
GB/T 50770—2013	石油化工安全仪表系统设计规范	现行	通用标准
SH/T 3006—2012	石油化工控制室设计规范	现行	通用标准
SH/T 3174—2013	石油化工在线分析仪系统设计规范	现行	通用标准

续表

标准编号	标准项目名称	标准状态	分类
SH/T 3188—2017	石油化工 Profibus 控制系统工程设计规范	现行	通用标准
SH/T 3181—2016	石油化工仪表远程监控及数据采集系统设计规范	现行	通用标准
SH/T 3164—2021	石油化工仪表系统防雷设计规范	现行	专用标准
SH/T 3020—2013	石油化工仪表供气设计规范	现行	专用标准
SH/T 3019—2016	石油化工仪表管道线路设计规范	现行	专用标准
SH/T 3081—2019	石油化工仪表接地设计规范	现行	专用标准
SH/T 3082—2019	石油化工仪表供电设计规范	现行	专用标准
SH/T 3126—2022	石油化工仪表及管道伴热和隔热设计规范	现行	专用标准
SH/T 3021—2022	石油化工仪表管道隔离和吹洗设计规范	现行	专用标准
SH/T 3104—2017	石油化工仪表安装设计规范	现行	专用标准
SH/T 3199—2018	石油化工压缩机控制系统设计规范	现行	专用标准
SH/T 3184—2017	石油化工罐区自动化系统设计规范	现行	专用标准
SH/T 3183—2017	石油化工动力中心自动化系统设计规范	现行	专用标准
SH/T 3198—2018	石油化工空分装置自动化系统设计规范	现行	专用标准
SH/T 3551—2013	石油化工仪表工程施工质量验收规范	现行	专用标准

表 7-2　化工自控工程建设标准体系 2018

标准编号	标准项目名称	标准状态	分类
HG/T 20699—2014	自控设备常用名词术语	现行	基础标准
HG/T 20505—2014	过程检测和控制仪表的功能标识及图形符号	现行	图例符号
HG/T 20636—2017	化工装置自控工程设计管理规范	现行	通用标准
HG/T 20637—2017	化工装置自控工程设计文件编制规范	现行	通用标准
HG/T 20638—2017	化工装置自控工程设计文件深度规范	现行	通用标准
HG/T 20639—2017	化工装置自控工程设计用典型图表及标准	现行	通用标准
HG/T 20507—2014	自动化仪表选型设计规范	现行	专用标准
HG/T 20508—2014	控制室设计规范	现行	专用标准
HG/T 20509—2014	仪表供电设计规范	现行	专用标准
HG/T 20510—2014	仪表供气设计规范	现行	专用标准
HG/T 20511—2014	信号报警及安全及联锁系统设计规范	现行	专用标准
HG/T 20512—2014	仪表配管配线设计规范	现行	专用标准
HG/T 20513—2014	仪表系统接地设计规范	现行	专用标准
HG/T 20514—2014	仪表及管线伴热和绝热保温设计规范	现行	专用标准
HG/T 20515—2014	仪表隔离和吹洗设计规范	现行	专用标准
HG/T 20516—2014	自动分析器室设计规范	现行	专用标准
HG/T 20573—2012	分散型控制系统工程设计规范	现行	专用标准
HG/T 20700—2014	可编程控制器系统工程设计规范	现行	专用标准
HG/T 21581—2012	自控安装图册(共 12 个)	现行	专用标准

任务 7.2 认知化工自控中常用的图形符号及字母代号

工程设计的内容，都是用设计图纸和文字资料进行表达的。其中，设计图纸是设计内容的主要表示形式，而文字资料则是对设计图纸的诠释。在设计图纸中，其具体内容都是用图形符号、字母代号及数字编号来表示的。

7.2.1 常用英文缩写的含义

根据《过程测量与控制仪表的功能标志及图形符号》（HG/T 20505—2014），化工自控中常用英文缩写的中英文如表 7-3 所示。

表 7-3 常用英文缩写的中英文

序号	缩写	英文	中文
1	A	Analog signal	模拟信号
2	AC	Alternating current	交流电
3	ACS	Analyzer control system	分析仪控制系统
4	A/D	Analog/Digital	模拟/数字
5	A/M	Automatic/Manual	自动/手动
6	AND	AND gate	"与"门
7	AVG	Average	平均
8	BMS	Burner management system	燃烧管理系统
9	BPCS	Basic process control system	基本过程控制系统
10	CCS	Computer control system	计算机控制系统
		Compressor control system	压缩机控制系统
11	D	Derivative control mode	微分控制方式
		Digital signal	数字信号
12	D/A	Digital/Analog	数字/模拟
13	DC	Direct current	直流电
14	DCS	Distributed control system	分散型控制系统
15	DIFF	Subtract	减
16	DIR	Direct-acting	正作用
17	E	Voltage signal	电压信号
		Electric signal	电信号
18	ESD	Emergency shut down	紧急停车
19	FFC	Feedforward control mode	前馈控制方式
20	FFU	Feed forward unit	前馈单元
21	GC	Gas chromatograph	气相色谱仪
22	H	Hydraulic signal	液压信号
		High	高

续表

序号	缩写	英文	中文
23	HH	High-high	高高
24	I	Electric current signal	电流信号
		Interlock	联锁
		Integrate	积分
25	IA	Instrument air	仪表空气
26	IFO	Internal orifice plate	内藏孔板
27	IN	Input	输入
		Inlet	入口
28	IP	Instrument panel	仪表盘
29	L	Low	低
30	L-COMP	Lag compensation	滞后补偿
31	LB	Local board	就地盘
32	LL	Low-low	低低
33	M	Motor operated actuator	电动执行机构
		Middle	中
34	MAX	Maximum	最大
35	MIN	Minimum	最小
36	MMS	Machine monitoring system	机器监测系统
37	NOR	Normal	正常
		NOR gate	"或非"门
38	NOT	NOT gate	"非"门
39	ON-OFF	Connect-disconnect(automatically)	通断(自动地)
40	OPT	Optimizing control mode	优化控制方式
41	OR	OR gate	"或"门
42	OUT	Output	输出
		Outlet	出口
43	P	Pneumatic signal	气功信号
		Proportional control mode	比例控制方式
		Instrument panel	仪表盘
		Purge flushing device	吹气或冲洗装置
44	PCD	Process control diagram	工艺控制图
45	P&ID(PID)	Piping and instrument diagram	管道仪表流程图
46	PLC	Programmable logic controller	可编程序控制器
47	P.T-COMP	Pressure temperature compensation	压力温度补偿
48	R	Reset of fail-locked device	(能源)故障保位复位装置
		Resistance(signal)	电阻(信号)
49	REV	Revers-acting	反作用(反向)
50	RTD	Resistance temperature detector	热电阻
51	S	Solenoid actuator	电磁执行机构

序号	缩写	英文	中文
52	SIS	Safety instrumented system	安全仪表系统
53	SP	Set point	设定点
54	SQRT	Square root	平方根
55	TC	Thermocouple	热电偶
56	XR	X-ray	X 射线

7.2.2 仪表位号及回路位号命名方式规范

仪表位号及回路位号命名方式见图 7-1。

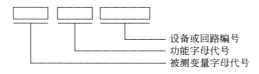

图 7-1 仪表位号及回路位号命名

① 回路位号由字母代号组合和设备编号两部分组成。字母组合中的第一部分为被测变量字母代号，第二部分为功能字母代号。

② 被测变量字母代号是字母组合的第一部分，字母表示的是被测变量的性质，其可以由表示被测变量的字母单独构成，也可以由被测变量和修饰字母组合构成。例如压力 P、差压 PD。

③ 被测变量字母代号只能按被测变量来选用，而不是按照仪表的结构或被控变量来选用。例如，当被测变量为流量时，差压变送器应标注 FT，而不是 PDT，控制阀应标注 FV；当被测变量为压差时，差压式变送器应标注 PDT，控制阀应标注 PDV。

④ 功能字母代号是字母组合的第二部分，字母所表示的是回路的功能，例如指示 I、控制 C 等。其字母应按照读出或输出功能而不是按照被控变量选用，功能字母应按 I、R、C、T、Q、S、A 的顺序标注。

⑤ 设备位号与回路位号组成结构相同，只在功能字母代号上体现的是设备功能而非回路功能。例如检测元件为 E，变送器为 T，控制阀为 V 等。

⑥ 如果同一仪表回路中有两个以上相同功能的仪表，可用设备位号附加尾缀（大写英文字母）的方法加以区别。例如，FT201A、FT201B 表示同一回路内的两台流量变送器。

⑦ 不同回路中功能相同的仪表，可以用设备位号加附加尾缀（/数字）的方式表示。例如，XV3101/1、XV3101/2、XV3101/3 表示一系列连续的 3 台切断阀。

⑧ 字母组合应全部大写，字母组合与设备或回路编号之间直接连接，不加"-"等字符。

⑨ 同一设备下的不同附件，用仪表位号后加"-"+功能字母+附件序号的方式表示。例如，XV101-SV-1、XV101-SV-2 表示 XV101 上的两台电磁阀，XV101-D-1 表示 XV101 的贮风罐。

字母代号组合含义见表 7-4。

表 7-4 字母代号组合含义表

字母代号	被测变量字母含义		功能字母含义		
	被测变量	修饰词	读出功能	输出功能	修饰词
A	分析		报警		报警
B	烧嘴、火焰		供选用	供选用	供选用
C	电导率			控制	控制
D	密度	差			
E	电压(电动势)		检测元件		
F	流量	比(分数)			
G	可燃气体		视镜、观察		
H	手动				高
I	电流		指示		输入
J	功率	扫描			
K	时间、时间程序	变化速率		操作器	
L	物位、液位		灯		低
M	水分、湿度	瞬动			中、中间
N	供选用		供选用	供选用	供选用
O	供选用		节流孔		输出
P	压力、真空		监测点、测试点		
Q	数量	积算、累计			
R	核辐射		记录		
S	速度、频率	安全		开关、联锁	开关
T	温度			传送、变送器	
U	多变量		多功能	多功能	多功能
V	振动、机械监视			阀、风门	
W	重量、力		套管、探头		
X	未分类	X 轴	未分类	未分类	未分类
Y	事件、状态	Y 轴		计算器、转换器	
Z	位置、尺寸	Z 轴		驱动器、执行机构	

注：表中"供选用""未分类""多功能"的注释,表示该字母可被自定义选用,但应注明其引用含义。

案例

① 设备位号举例 PDV3102 中,PD 是被测变量字母代号,P 表示被测变量为压力,D 是修饰词,因此 PD 表示被测变量为差压;V 是功能字母代号,表示输出功能阀门。因此,PDV3102 表示编号为 3102 的由差压控制的控制阀。

② 回路位号举例 FIQSL3102 中,F 为被测变量字母代号,表示被测变量为流量;IQSL 为功能字母代号,I 表示回路具有测量功能,Q 表示回路同时具有累积功能,S 表示回路同时具有联锁功能,L 为功能字母代号中的修饰词,表示低限报警。

7.2.3 常用图形符号的含义（HG/T 20505—2014）

(1) 测量点

测量点（包括检测元件）是由过程设备的轮廓线或管道符号（粗实线）引至检测元件或

就地仪表的起点，一般无特定的图形符号。通常与检测元件或仪表画在一起，其连接引线用细实线表示，如图 7-2(a) 所示。若测量点位于设备中，当需要标出测量点在过程设备中的具体位置时，可在引线的起点加一个直径约 2mm 的小圆圈符号或加虚线，如图 7-2(b) 所示。必要时，检测仪表或检测元件也可以用象形或图形符号表示。

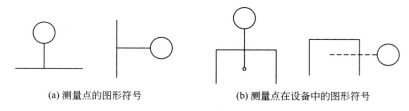

(a) 测量点的图形符号　　　　　　(b) 测量点在设备中的图形符号

图 7-2　测量点

（2）连接线图形符号

通用的仪表信号线和能源线的符号是细实线。用细实线表示仪表连接线的场合，包括工艺参数测量点与检测装置或仪表（圆圈）的连接引线和仪表与仪表能源的连接线。当有必要标注能源类别时，可采用相应的缩写字母标注在能源线符号之上。例如，AS-0.14 为 0.14MPa 的空气源，ES-24DC 为 24V 的直流电源。表示仪表能源的字母组合标志如下：

AS：空气源	IA：仪表空气	ES：电源	NS：氮气源
GS：气体源	SS：蒸汽源	HS：液压源	WS：水源

当通用的仪表信号线为细实线可能造成混淆时，通用信号线符号可在细实线上加斜短划线（斜短划线与细实线成 45°角）。常用仪表连接线的图形符号见表 7-5。

表 7-5　常用仪表连接线的图形符号

序号	图形符号	应用
1	IA————	① IA 也可换成 PA(装置空气)、NS(氮气)或 GS(任何气体) ② 根据要求注明供气压力，如 PA-70kPa(G)，NS-300kPa(G) 等
2	ES————	① 仪表电源 ② 根据要求注明电压等级和类型，如 ES-220V AC ③ ES 也可直接用 24V DC，120V AC 等代替
3	HS————	① 仪表液压动力源 ② 根据要求注明压力，如 HS-70kPa(G)
4	——┼——	连接线交叉
5	——●——●——	连接线相接
6	——→——	表示信号的方向
7	——//——//——//——	气动信号线
8	—— —— ——	电信号线
9	——✕——✕——✕——	导压毛细管

续表

序号	图形符号	应用
10		液压信号线
11		一个设备与一个远程调校设备或系统之间的通信连接,及与智能设备的连接(来自或去)
12		① 共享显示、共享控制系统的设备和功能之间的通信连接和系统总线 ② DCS、PLC 或 PC 的通信连接和系统总线(系统内部)

(3)仪表图形符号

仪表图形符号用一个直径为 10mm(或 12mm)的细实线圆圈表示。当仪表位号的字母或阿拉伯数字较多、圆圈内不能容纳时,可以将圆圈上下断开,如图 7-3(a)所示。处理两个或多个变量,或处理一个变量但有多个功能的复式仪表,可用相切的仪表圆圈表示,如图 7-3(b)所示。当两个测量点引到一台复式仪表上,而两个测量点在图纸上距离较远或不在同一张图纸上时,则分别用两个相切的实线圆圈和虚线圆圈表示,如图 7-3(c)所示。

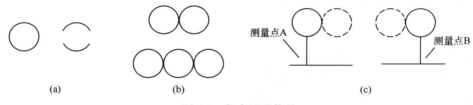

图 7-3 仪表图形符号

(4)仪表的安装位置

仪表的安装位置可用加在圆圈中的细实线、细虚线来表示,见表 7-6。这里的仪表盘包括柜式、屏式、架装式、通道式仪表盘和操作台等。就地仪表盘面安装的仪表包括就地集中安装的仪表。仪表盘后安装的仪表包括盘后面、柜内、框架上和操作台内安装的仪表。

表 7-6 仪表设备与功能的图形符号

序号	安装位置	首选基本过程控制系统	备选安全仪表系统	计算机系统及软件	单台仪表设备
1	位于现场,现场可视 非仪表盘、柜、控制台安装	⊙	⊙	⬡	○
2	位于控制室、控制盘/台正面 在盘正面或显示器可视	⊖	⊖	⬡	⊖
3	位于控制室、控制盘后、机柜内 在盘正面或显示器不可视	⊖	⊖	⬡	⊖
4	位于现场控制盘/台正面 在盘正面或显示器可视	⊖	⊖	⬡	⊖
5	位于现场控制盘/台背面 位于现场机柜内 在盘正面或显示器不可视	⊖	⊖	⬡	⊖

（5）执行器的图形符号

执行器的图形符号由执行机构和调节机构的图形符号组合而成。常用最终控制元件执行机构图形符号见表 7-7，调节机构的图形符号见表 7-8。一般在带控制点的工艺流程图上，执行机构上的阀门定位器不予表示。

直通单座阀

直通双座阀

表 7-7　常用最终控制元件执行机构图形符号

序号	描述	符号
1	通用型执行机构、弹簧-薄膜执行机构	
2	带定位器的弹簧-薄膜执行机构	
3	直行程活塞执行机构、单作用（弹簧复位）、双作用	
4	角行程活塞执行机构、单作用（弹簧复位）、双作用	
5	电机（回旋马达）操作执行机构	M
6	可调节的电磁执行机构、开关阀的电磁执行机构	S
7	带侧装手轮的执行机构	
8	手动、远程复位开关型电磁执行机构	S / R

表 7-8　调节机构的图形符号

序号	描述	符号
1	两通开关型电磁阀、闸阀等直通阀、通用型两通阀、直通截止阀	
2	通用型两通角阀、角形截止阀、安全角阀、角形开关型电磁阀	

续表

序号	描述	符号
3	通用型三通阀、主通截止阀、箭头表示故障或未经激励时的流路	
4	通用型四通阀、四通旋塞阀或球阀、箭头表示故障或未经激励时的流路	
5	球阀	
6	蝶阀	
7	没有分类的特殊阀门 （工程图纸的图例中应说明其具体形式）	

任务 7.3　控制方案及工艺控制流程图的设计

控制方案的设计是控制系统工程设计中首要和关键的环节，控制方案的设计是否正确、合理，将影响到系统的自动化水平，也关系到设计的成败。因此，在工程设计中，必须高度重视控制方案的设计。

7.3.1　控制方案设计涉及的主要内容

控制方案的设计，就是根据生产过程的原理和工艺操作的要求，确定反馈控制系统、自动检测系统、自动信号报警与联锁系统。在技术上主要考虑每个控制系统中被控变量和操纵变量的选择，确定测量点位置和控制阀的安装位置，选择实现测量和控制的手段。在被测变量中，哪些需要自动指示、记录、报警，哪些需要设置安全联锁保护系统，都要合理地确定。在设计方法上，首先应该了解工艺机理，从实际出发，做到工艺上合理可行；从全局出发，充分考虑各设备之间的联系，相互协调；从安全出发，尽量做到操作稳定可靠且简便易行；同时考虑经济性和技术先进性的统一。具体来说，控制方案的设计主要包括以下几项内容。

（1）确定合理的控制目标

工程设计的控制方案是根据设计任务书的要求，在充分考虑生产实际的基础上确定的。因此，应掌握必要的工艺知识，了解产品生产的工艺过程和特点、物料的特性、主要工艺设备、管线的特征和布置情况、基本操作方法和条件、控制指标要求及安全措施等情况，作为确定方案的基础资料。

（2）正确地选择所需的检测点及其检测仪表的安装位置

工艺过程中影响生产的因素很多，在设计中应根据实际生产过程的基本操作条件、控制指标要求及安全措施等情况，合理地选择所需的被测变量。被测变量确定以后，应从三方面来选择所需的检测点及其检测仪表的安装位置：

① 能够准确、迅速和可靠地反映被测变量的实际情况。
② 符合检测仪表的安装条件及正常运行要求。
③ 尽量减少对工艺过程运行的影响等。

(3) 正确地选择必要的被控变量和操纵变量

虽然在工艺过程中有很多因素会影响生产的正常进行，但并非所有变量都要进行自动控制。因此，在控制系统的设计中，应该按照被控变量的选择原则，选择那些对产品质量、产量、生产安全、节约能源和提高经济效益起决定作用的主要变量加以控制。对于某些人工操作难以满足要求，或者人工操作虽然可行但操作频繁、劳动强度大的变量，要首先考虑进行自动控制。

(4) 合理地设计控制系统

在确定控制方案的过程中，要认真研究所选用方案在工艺上的合理性和技术上的可行性。所选用的方案应该是经过实践考验并且行之有效的，这是进行设计工作时必须遵循的原则。进行设计时，要根据工艺机理、约束条件、对象特性、扰动的来源和大小及被控变量的允许偏差范围，结合有关生产实践的经验和资料来选用合适的控制方案，以确定组成简单的还是复杂的控制系统。

(5) 选择合适的控制算法

根据所选被控对象的特性及控制要求，选择合适的控制算法。

(6) 选择合适的控制阀

根据被控介质的特点、工艺操作条件及要求，选择合适的执行器及其安装位置。

(7) 设计生产安全保护系统

生产安全保护系统包括声光信号报警系统、联锁系统及其他保护性系统。利用自动信号报警系统进行监视的通常是工艺生产上的重要变量、关键变量，如设备的安全报警极限变量，化学反应器中的温度、压力变量，容器的液位变量等。当这些变量超限后，操作人员必须及时采取措施，以免发生事故；当超限严重时，联锁保护系统应能主动发挥作用，将主要生产设备自动停车，使生产处于安全保护状态。

应当指出，控制方案的自动化水平应根据工程项目的需要、重要性、投资量等因素综合考虑，自动化水平并非越高越好。如果用简单控制系统可以满足工艺要求，就不必采用复杂控制系统。控制回路也并非越多越好，要注意各控制回路之间的关联问题。信号报警和联锁系统不能滥用，如果设置不好，会造成因频繁停车而影响生产的不良后果。总之，控制方案的确定，要从工艺过程的实际需要出发，从生产过程的全局考虑，使之满足要求、简便易行、安全可靠。

7.3.2 工艺控制流程图的设计

在控制方案确定以后，运用国家规定的《过程测量与控制仪表的功能标志及图形符号》（HG/T 20505—2014）中的图例符号，在工艺流程图上按其流程顺序标注检测点、控制点和控制系统，并绘制工艺控制流程图。

(1) 工艺流程图

工艺流程图是用来表达整个工厂或车间生产流程的图样。它是一种示意性的展开图，即按工艺流程顺序，把设备和流程线自左至右都展开在同一平面上。其图面主要包括工艺设备和工艺流程线。

(2) 工艺控制流程图

工艺控制流程图又称管道仪表流程图，它是在工艺流程图的基础上，用过程检测和控制系统设计符号，在工艺流程图上标注检测点、控制点和控制系统的。因此，工艺控制流程图是描述生产过程自动化内容的图纸，是自动化水平和自动化方案的全面体现，是自动化工程设计的依据，亦可供施工安装和生产操作时参考。

7.3.3 工艺控制流程图的绘制

具体绘制时，按照各设备上检测点和控制点的密度，布局上可做适当的调整，以免图面上出现疏密不均的情况。通常，设备进出口的检测点和控制点应尽可能地标注在进出口附近。有时为顾全图面的质量，可适当地移动某些检测点和控制点的位置。

(1) 工艺控制流程图的主要内容

① 图形　带位号、名称和接管口的设备简图，并配以连接设备的主/辅物料管线、阀门、管件及过程检测和控制系统设计符号等。

② 标注　设备位号、名称、管段编号、控制点符号、必要的尺寸及数据等。

③ 图例　图形符号、字母代号及其他的标注、说明、索引等。

④ 标题栏　图名、图号、设计项目、设计阶段、设计时间和会签栏等。

(2) 工艺控制流程图的画法

① 图样画法　工艺控制流程图采用展开图的形式，按工艺流程顺序，自左至右依次画出设备的图例符号，并配以物料流程线和必要的标注及说明。图中设备、机器的大小及比例无特殊要求，保证图形清楚即可，但需保持设备间的相对大小。通常按1∶100或1∶200的比例绘制。

② 设备和机器表示方法　用细实线画出设备、机器的简略外形和内部特征。一般不画管口，需要时可用单线画出。在工艺控制流程图上，要在两处标注设备位号：一处是在图的上方或下方，按图7-4所示标注，位号排列要整齐，并尽可能与设备对正；另一处是在设备内或近旁，此处只标注位号，不标注名称。

③ 管道表示方法　在工艺控制流程图中，应画出全部物料管道，对辅助管道、公用系统流程图中的管道应水平或垂直画出，尽量避免斜线。在绘制管道图时，应尽量避免管道穿过设备或交叉管道在图上相交。当表示交叉管道相交时，一般应将横向管道断开。管道转弯处，一般应画成直角而不画成圆弧，如图7-5所示。管道上应画出箭头，以表示物料流向。各流程图之间相衔接的管道，应在始（或末）端注明其接续图的图号及来自（或去）的设备位号或管道号，如图7-6所示。

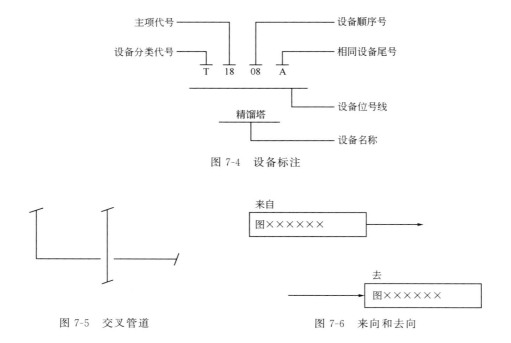

图 7-4 设备标注

图 7-5 交叉管道　　　　图 7-6 来向和去向

(3) 工艺控制流程图的绘制步骤

根据上面所述基本知识，就可以着手绘制或识读工艺控制流程图了。

① 绘图时，图面布置合理、清晰。设备及管道排列均匀，便于标注。

② 按流程顺序，并考虑设备相对位置要求，自左至右依次画出设备外形图。

③ 画出主要物料流程线，留出管道上阀门、管件等符号的位置。应注意避免管线过长或设备过于密集。

④ 画出有关阀门、管件的图例符号。在管道上画出物料流向的箭头。

⑤ 画出所有自动检测、控制系统。

⑥ 标注设备、管道、仪表的位号及名称等内容。

⑦ 在图的右上侧画出有关符号、代号的图例及说明；在图的右下框线处画出标题栏，并填入相关内容。

7.3.4　工艺控制流程图示例

某化工厂某工序的总体布局图及工艺控制流程图如图 7-7 和图 7-8 所示。

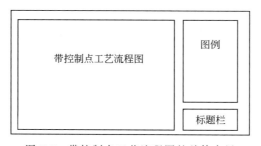

图 7-7　带控制点工艺流程图的总体布局

项目七 控制系统工程设计 | 141

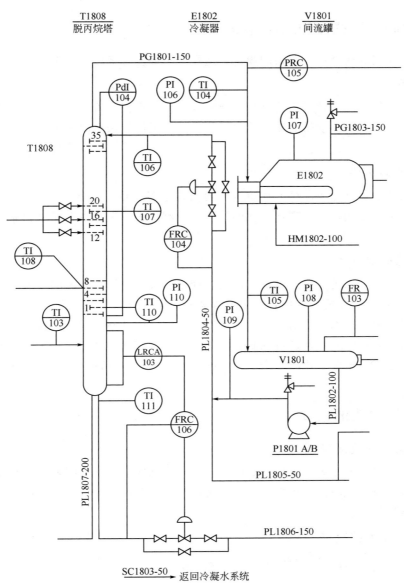

图 7-8 带控制点工艺流程图

任务 7.4 控制系统的设备选择

生产过程自动化的实现,不仅需要制订合理的控制方案,而且需要正确地选用自动化仪表。对于控制装置的选择,首先应根据被控对象确定采用何种控制装置来实现系统的控制。随着自控技术的发展,控制装置通常采用可编程序控制器(PLC)、分散型控制系统(DCS)和现场总线控制系统(FCS)。常规仪表的选用应倾向于数字化、智能化的仪表。目前,气动控制仪表已很少使用,仅少数有爆炸危险的现场控制,尚有选用气动控制仪表的。

7.4.1 控制系统选择的总体要求

常规控制仪表的选择没有严格的规定,选择时一般应考虑以下几个因素。

(1) 价格因素

通常数字式仪表比模拟仪表价格高,新型仪表比老型仪表价格高,引进或合资生产的仪表比国产仪表价格高,电动仪表比气动仪表价格高。因此,选型时要考虑投资的情况、仪表的性价比。

(2) 管理的需要

从管理上考虑,首先应尽可能地使全厂的仪表选型一致,以有利于对仪表的维护管理。此外,对于大中型企业,为实现现代化的管理,控制仪表应选择带有通信功能的,以便实现联网。

(3) 工艺的要求

控制仪表应满足工艺对生产过程的监测、控制和安全保护等方面的要求。对于检测元件(或执行器)处在有爆炸危险的场合,必须考虑安全栅(隔离栅)的使用。

随着计算机网络技术的不断发展,生产现场的数据信息不仅用于过程控制,还用于生产管理、企业决策等,因此,在进行控制装置的选择时,应对其网络功能予以重视,从而实现从单一的生产过程到整个企业的各个生产过程的统一控制与管理,为企业与外部信息共享奠定基础。

7.4.2 检测仪表的选择

(1) 被测对象及环境因素

被测对象的温度、压力、流量、黏度、腐蚀性、毒性、脉动等因素,以及仪表使用环境(如防火、防爆、防震等),是决定检测仪表选型的主要条件,关系到仪表选用的合理性和仪表的使用寿命等。

(2) 检测仪表的功能

各检测点的参数在操作上的要求,是仪表的指示、记录、积算、报警、控制、遥控等功能选择的依据。

(3) 仪表的精度及量程

检测仪表的精确度应按工艺过程的要求和变量的重要程度合理选择。一般来说,集中监控系统的检测仪表精确度应较高些,就地指示型检测仪表的精确度可略低。仪表的量程应按正常生产条件选取。有时还要考虑到开、停车,以及生产事故时工艺参数变动的范围。

(4) 经济性和统一性

仪表的选型在一定程度上也取决于投资,一般应在满足工艺和自控要求的前提下,进行必要的经济核算,取得适宜的性价比。为了便于仪表的维修和管理,在选型时应考虑到仪表的统一性,尽量地选用同一系列、同规格型号及同一生产厂家的产品。

(5) 仪表的可靠性和供应情况

所选用的仪表应是较为成熟的,并经现场使用证明其性能可靠;同时,要注意到选用的仪表应当是货源及备品、备件供应充裕,短期内不会被淘汰或停产的产品。

7.4.3　显示、控制仪表的选型

现在,控制装置通常采用PLC、DCS和FCS。只有在小型或独立控制等场合需要使用显示和控制仪表。

仪表的指示、记录、积算、报警、控制、手动遥控等功能,应根据工艺过程的实际需要选用。控制型仪表的远传信号传输方式应与检测仪表的信号输入方式相匹配。

① 对工艺过程影响不大但需经常监视的变量,可选指示型仪表。
② 对需要经常了解其变化趋势的重要变量,应选记录型仪表。
③ 对工艺过程影响较大、需随时进行监控的变量,应选控制型仪表。
④ 对关系到物料平衡和动力消耗而要求计量或经济核算的变量,宜选具有积算功能的仪表。
⑤ 对变化范围较大且必须操作的变量,宜选手动遥控型仪表。
⑥ 对可能影响生产或安全的变量,宜选报警型仪表。
⑦ 对于不易稳定或经常开、停车的生产过程,宜选用全刻度指示控制器。对于数字式仪表,宜选用带有光带指示的控制器。
⑧ 用于前馈、串级、间歇、非线性等复杂控制系统的控制仪表,一般宜选用智能型或电动单元组合式及组装式仪表中具有相应控制功能的控制器。
⑨ 对于负荷变化较大、非线性严重及扰动较大的生产过程,手动整定控制器的参数较困难时,可选用带自适应功能或带PID参数自整定功能的控制器。
⑩ 对于纯滞后较大或非线性特别严重的被控对象,可采用智能控制器,如纯滞后补偿控制器、自适应控制器、神经网络控制器等。
⑪ 仪表的量程应按正常生产条件选取,同时还必须考虑开(停)车、生产故障及事故状态下变量的预计变动范围。对于0~100%线性刻度的仪表,变量的正常值宜使用在读数为50%~70%,最大值可用到90%,读数在10%以下不宜使用。

7.4.4　控制阀的选型

由于工业生产过程大多存在易燃、易爆等危险性介质,因此,从可靠性和防爆性考虑,通常选用气动控制阀。一般要从以下几方面进行考虑。

① 根据工艺条件,选择合适的控制阀结构类型和材质。
② 根据生产安全和产品质量等要求,选择控制阀的气开、气关形式。
③ 根据被控过程的特性,选择控制阀的流量特性(线性、对数、抛物线、快开)。
④ 根据工艺参数,计算控制阀的流通能力,确定阀的口径。
⑤ 根据工艺要求,选择与控制阀配用的阀门定位器。

除此之外,在选择控制阀时,还必须考虑其具体工艺操作条件和使用环境,主要应注意以下几点。

① 被控制流体的种类,分为液体、蒸汽或气体。对于液体通常要考虑黏度的修正,当液体黏度过高时,其雷诺数下降,改变了流体的流动状态,在计算控制阀流通能力时,必须

考虑黏度校正系数。对于气体，应该考虑其可压缩性。对于蒸汽，要考虑饱和蒸汽或过热蒸汽等。

② 流体的温度、压力应根据工艺介质的最大工作温度、压力来选定。控制阀的公称压力，必须对照工艺温度条件综合选择，因为公称压力是在一定基准温度下依据强度确定的，其允许最大工作压力必须低于公称压力。例如，对于碳钢阀门，公称压力 $p_N=1.6$ MPa，当介质的温度为 200℃时，最大工作压力为 1.6MPa；当温度为 250℃时，最大工作压力变为 1.5MPa；当温度为 400℃时，最大工作压力只有 0.7MPa。

③ 对于压力控制系统，还要考虑其阀前取压、阀后取压和阀前后压差，再进一步来选择阀的形式。

④ 根据流体黏度、密度和腐蚀性来选择不同形式的控制阀，以便满足工艺的要求。对于高黏度、含纤维介质，常用 O 形和 V 形球阀。对于腐蚀性强、易结晶的流体，常用阀体分离型的阀。

控制阀旁路和手轮机构的设置，有如下要求：

a. 液体会出现闪蒸、空化，流体中含有固体颗粒和具有腐蚀性的场合；
b. 对于洁净流体，控制阀公称通径 $D_N>80$ mm 的场合；
c. 控制阀发生故障或检修时，不致引起工艺事故的场合；
d. 对于需要限制开度或未设置旁路的控制阀应设置手轮机构；
e. 对工艺安全生产联锁用的紧急放空阀和安装在禁止人进入的危险区的控制阀，不应设置手轮机构。

任务 7.5 仪表盘正面布置图和背面电气接线图的绘制

自控工程设计中，与仪表连接有关的图纸较多。本任务从实际工作岗位的要求出发，仅介绍最重要的两种图，即仪表盘正面布置图和仪表盘背面电气接线图。

7.5.1 模拟仪表盘

模拟仪表盘主要用来安装显示、控制、操纵、运算、转换和辅助等类仪表，以及电源、气源和接线端子排等装置，是模拟仪表控制室的核心设备。仪表盘设计内容包括仪表盘的选用、盘面布置、盘内配管和配线及仪表盘的安装等方面。随着自控技术的发展，模拟仪表盘多作为主要控制的辅助操作盘。

(1) 仪表盘的选用

仪表盘结构形式和品种规格的选用，可根据工程设计的需要，选用标准仪表盘。大、中型控制室内的仪表盘宜采用框架式、通道式、超宽式仪表盘。盘前区可视具体要求设置独立操作台，台上安装需经常监视的显示、报警仪表或屏幕装置、按钮开关、调度电话、通信装置等。小型控制室内宜采用框架式仪表盘或操作台。环境较差时宜采用柜式仪表盘。若控制室内仪表盘盘面上安装的信号灯、按钮、开关等元器件数量较多，应用附接操作台的各类仪表盘。含有粉尘、油雾、腐蚀性气体、潮气等环境恶劣的现场，宜采用具有外壳防护兼散热功能的封闭式仪表柜。

（2）仪表盘盘面布置

仪表在盘面上布置时，应尽量将一个操作岗位或一个操作工序中的仪表排列在一起。仪表的排列应参照工艺流程顺序，从左至右进行。当采用复杂控制系统时，各台仪表应按照该系统的操作要求排列。采用半模拟盘时，模拟流程应尽可能与仪表盘上相应的仪表对应。半模拟盘的基色与仪表盘的颜色应协调。

（3）仪表盘盘内配线和配管

仪表盘盘内配线可采用明配线和暗配线。明配线要挺直，暗配线要用汇线槽。仪表盘盘内配线数量较少时，可采用明配线方式；配线数量较多时，宜采用暗配线方式。仪表盘盘内信号线与电源线应分开敷设。信号线、接地线及电源线端子间应采用标记端子隔开。

仪表盘相互间有连接电线（缆）时，应通过两盘各自的接线端子或接插件连接。进出仪表盘的电线（缆），除热电偶补偿导线及特殊要求的电线（缆）外，均应通过接线端子连接。本安电路、本安关联电路的配线应与其他电路分开敷设。本安电路与非本安电路的接线端子应分开，其间距不小于50mm。

（4）仪表盘的安装

控制室内的仪表盘一般安装在用槽钢制成的基座上，基座可用地脚螺栓固定，也可焊接在预埋钢板上。当采用屏式仪表盘时，盘后应用钢件支撑。控制室外、户外仪表盘一般安装在槽钢基座或混凝土基础上，基座（础）应高出地面50～100mm。若在钢制平台上安装，可采用螺栓固定。仪表盘坐落平台部位应采取加固措施。

7.5.2 模拟仪表盘绘制举例

某工厂自控设计中的仪表盘正面布置图总体布局和布置示例分别如图7-9、图7-10所示。这里选用了框架式仪表盘。其中，1号盘1IP上配置了电动控制仪表，2号盘2IP上配置了气动控制仪表。仪表盘的颜色为苹果绿色。首尾两块仪表盘设置了装饰边，其宽度为50mm。安装在盘面上的全部仪表、电气设备及元件，分别完整地列在设备表中。读图时，应将仪表盘正面布置图和设备表中的内容结合起来，予以对照，以便了解其详细而准确的信息。

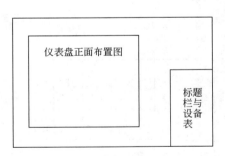

图7-9 仪表盘正面布置图的总体布局

7.5.3 仪表盘背面电气接线图

仪表盘端子图表明盘（架）信号和接地端子排进、出线之间的连接关系。图中应注明连接仪表或电气设备的位号、去向端子号、电缆（线）的编号，并编制设备材料表（包括报警器的电铃等）。下面主要介绍仪表管线编号方法。

仪表盘（箱）内部仪表之间、仪表与接线端子之间的连接方法主要有两种，即直接连接法和相对呼应编号法。在同一张图纸上，最好采用同一种编号方法。

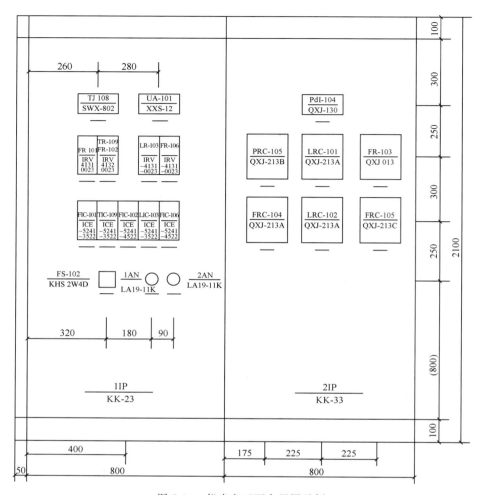

图 7-10 仪表盘正面布置图示例

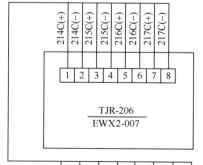

（1）直接连线法

直接连线法是根据设计意图，将有关端子或接头直接用一系列连线连接起来，直观、逼真地反映了端子与端子、接头与接头之间的相互连接关系。但是，这种方法比较复杂，当仪表和端子接头数量较多时，线条相互穿插、交织在一起，比较繁乱，读图时容易看错。因此，这种方法通常适用于仪表及端子数量较少、连接线路比较简单的场合。例如，在单个系统的仪表回路接线图、接管图中多采用这种方法。

单根或成束的不经接线端子而直接接向仪表的电缆电线和测量管线，在仪表接线处的编号均用电缆、电线或管线的编号表示，必要时应区分（＋）、（－）等，如图7-11所示。图中，EWX2-007为电子平衡式温度显示记录仪的型号。

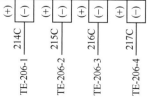

图 7-11 直接连线法示例

(2) 相对呼应编号法

相对呼应编号法是根据设计意图，对每根管、线两头都进行编号，各端头都编上与本端头相对应的另一端所接仪表或接线端子（或接头）的接线点号。每个端头的编号以不超过8位为宜，当超过8位时，可采取加中间编号的方法。

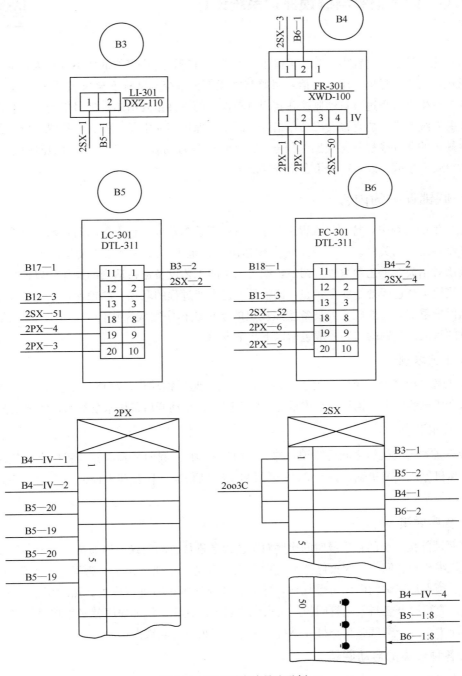

图 7-12　相对呼应编号法示例

在标注编号时,应按先去向号、后接线点号的顺序填写。在去向号与接线点号之间,用一字线"—"隔开,即表示接线点的数字编号或字母代号应写在一字线"—"的后面,如图7-12所示。图中,DXZ-110、XWD-100、DTL-311分别为DDZ-Ⅱ型电动指示仪、小长图电子平衡式记录仪和电动控制器等仪表的型号。

任务 7.6　信号报警与联锁保护系统设计

超驰系统

在石油化工类生产过程中,为了确保生产的正常进行,防止事故的发生和扩大,促进生产过程的自动化,因而广泛地采用自动信号报警与联锁保护系统(又称安全仪表系统)。信号报警与联锁系统是对生产过程进行自动监控并实现自动操纵的一种重要措施。信号报警起到自动监视的作用,报警系统本身不能直接发出动作指令。而联锁保护实质上是一种自动操纵系统,能使有关设备按照规定的条件或程序完成操作任务,使生产过程自动处于安全状态,以免造成设备损坏、人员伤亡等安全事故,或者产品不合格等经济损失。

7.6.1　联锁保护的内容

在工艺生产过程中,特别是流程工艺中,一个工艺参数或一台设备的运行均与许多其他的工艺参数或设备运行相关联。当一个工艺参数超出正常范围,或一台工艺设备处于异常工作状态时,就应该对相关的工艺参数进行调整,或对相关的工艺设备进行适当的操作,以使生产过程恢复正常,或使生产过程处于安全状态,这就是工艺生产过程的联锁。联锁保护系统实质上是一种自动操纵保护系统,它能使有关设备按照规定的条件或程序完成操作任务,从而达到消除异常、防止事故的目的。联锁的内容一般包括以下几个方面。

(1) 工艺联锁

由于工艺系统某变量越限(处于事故状态)而引起联锁动作,简称"工艺联锁"。例如某公司设计的合成氨装置中,锅炉给水流量越(低)限时,自动开启备用水泵给水,实现工艺联锁。

(2) 机组联锁

运转设备本身或机组之间的联锁,称为"机组联锁"。例如某合成氨装置中合成气压缩机停车系统,冰机停或压缩机轴位移等22个因素和压缩机联锁,只要其中任何一个因素不正常,都要求压缩机停车。

(3) 程序联锁

程序联锁能按一定的程序或时间次序对工艺设备进行自动操纵。例如某合成氨装置中,辅助锅炉引火烧嘴检查、回火、脱火停燃料气的联锁,就是一个典型例子。为了达到安全点火目的,在点火前必须保证锅炉膛内无可燃气体,并对炉膛内气体压力进行检查。然后用空气进行吹除,吹除完毕,方可打开燃料气总管阀门,引火烧嘴点火。这样,整个程序就必须按燃料气阀门关→炉膛内气压力检查→空气吹扫→打开燃料气阀门→点火进行联锁操作。

(4) 各种泵类的启动联锁

各种泵类的启动联锁(即单机的开、停车)比较简单。信号报警与联锁保护装置根据其构成元件不同，可以分为触点式和无触点式或者是混合式。

(5) 火气系统

火气系统（Fire and Gas System，FGS）是火灾及气体监测报警系统的简称，其实就是通过专用的传感器和监测仪器，提前预测出将要发生的火灾、爆炸、中毒事故，由音响、灯光等设备发出警告，提醒有关操作人员进行相关操作或组织疏散和逃生，或者通过预先编制的逻辑自动启动相应的保护、救护装置，或者通过远程报警做到及时增援，从而使可能发生的事故能在萌芽状态被发现并消除，已经发生的事故能得到及时有效的控制，使得相关人员、设备和周围环境得到有效的保护。

7.6.2 信号报警与联锁保护系统设计参考标准

➢ GB/T 21109.1—2022《过程工业领域安全仪表系统的功能安全 第1部分：框架、定义、系统、硬件和应用编程要求》

➢ GB/T 21109.2—2007《过程工业领域安全仪表系统的功能安全 第2部分：GB/T 21109.1的应用指南》

➢ GB/T 21109.3—2007《过程工业领域安全仪表系统的功能安全 第3部分：确定要求的安全完整性等级的指南》

➢ GB/T 20438.1—2017《电气/电子/可编程电子安全相关系统的功能安全 第1部分：一般要求》

➢ GB/T 50770—2013《石油化工安全仪表系统设计规范》

➢ HG/T 20511—2014《信号报警及联锁系统设计规范（附条文说明)》

➢ Q/SH 0700—2008《安全仪表系统（SIS）技术规定》

➢ GB 50737—2011《石油储备库设计规范》

7.6.3 信号报警与联锁保护系统设计基本要求

信号报警与联锁保护系统是现代石化工业的重要组成部分。由于现代石化工业的规模一般比较大，连续自动化程度高，工艺条件苛刻，所以生产过程中潜在的危险也越来越大。为了保护工艺、设备和人身安全，保障正常生产有条不紊地进行，信号报警与联锁保护系统的设计是至关重要的。不同的生产过程和工艺条件对于联锁保护具有不同的要求，因此联锁保护系统的内容应当根据具体的工艺要求和条件，综合分析各个设备之间，以及各变量之间的内在联系，进行正确合理的设计。

(1) 报警点、联锁点的数量适宜

设置报警点、联锁点，既要满足工艺要求，又必须少而精。过多地设置报警点和联锁点，看起来似乎更安全，但往往造成报警过于频繁，甚至动不动就停车，反而影响了正常生产。

(2) 报警联锁内容符合工艺要求

信号报警系统应尽可能为寻找故障提供方便，使其有助于判断故障的性质、程度和范围。联锁保护系统既要保证安全，又要尽可能缩小联锁停车对生产的影响。当参数越限时，联锁只是有选择地切除那些继续运行会引发事故的设备，而与事故无关的设备仍保持继续运行。

(3) 整套系统高度可靠

信号报警和联锁保护系统必须具有高度的可靠性，既不会拒动作（该动作时不动作），也不会误动作（不该动作时动作）。一般说来，系统中选用的元器件质量越高，线路越简明，中间环节越少，系统的可靠性就越高。

(4) 能源供给系统可靠

用于报警和联锁保护系统的能源一般有电源和气源（仪表风），报警和联锁保护系统的电源应配用不间断电源（Uninterruptible Power Supply，UPS）。当外部电源发生故障时，通常要求该电源供电时间不少于30min。仪表气源是典型的用于控制阀（如调节阀和切断阀）等最终执行元件的能源，停止仪表空气供给后，系统应能可靠地自动或手动切换到备用气源，并保证不少于30min的连续供气时间。

(5) 便于安装、维修和操作

在报警系统中设置"试验"回路，以便检查指示灯、电笛等易损坏的元件。在联锁系统中，设有手操解锁环节，以便在开车、运行中、检修时解除联锁。紧急停车的联锁保护系统具有手动停车功能，以确保在出现操作事故、设备事故、联锁失灵的异常状态时实现紧急停车。此手动紧急停车开关（按钮）应配有护罩。部分联锁保护系统设有投入/解除开关（或钥匙型转换开关），开关置于解除位置时，联锁保护系统失去保护功能，并设有明显标志显示其状态，系统应有相应的记录。联锁保护系统中部分重要联锁参数通常还设有旁路开关，并设有明显标志显示其状态，系统也应有相应的记录。

(6) 符合使用环境的要求

在易燃易爆危险场所使用的电气元件应符合相应的防爆要求，采取合法的正压防爆、隔离防爆或本安防爆等措施。在高温、低温、潮湿、有腐蚀性气体的环境中，应采取相应的防护措施，如降温、保温、通风、干燥等。与非危险区电信号（或供电）连接，应设有合法的隔离设施。检测元件及执行器在室外安装时，一般具有全天候的外壳和保护。

7.6.4 信号报警与联锁保护系统设计原则

(1) 独立设置原则

一般来讲，在开、停工和生产过程中可能造成重大人身事故、重大设备事故和重大经济损失的生产装置，以及一旦发生事故会对环境有较大影响和破坏的装置（或工厂）、大型机组，其联锁和停车系统应独立于过程控制系统，以降低控制功能和安全功能同时失效的概率，使报警、联锁和停车系统不依附于过程控制系统就能独立完成自动保护联锁的安全功能。另外，应按需要配置相应的通信接口，使过程控制系统能够监视报警、联锁和停车系统的运行状态。一般要求独立设置的部分有：

  a. 检测元件；

  b. 执行元件；

  c. 逻辑运算器；

  d. 报警、联锁和停车系统与过程控制系统之间或其他设备的通信；

  e. 电源系统，报警、联锁和停车系统应满足相应安全等级要求的电源供电。

(2) 冗余结构

为保证报警、联锁的可靠性，在硬件和软件配置上可以考虑采用冗余结构。

冗余：指定的独立的 $N:1$ 重元件，可以自动地检测故障，并且切换到后备设备上。

冗余系统：并行地使用多个系统部件，以提高错误检测和错误校正的能力。

① 当重点考虑系统的安全性时，应采用二取一逻辑结构。

② 当重点考虑系统的可应用性时，应采用二取二逻辑结构。

③ 当系统的安全性和可应用性均需保障时，一般应采用三取二逻辑结构。

(3) 故障安全原则

报警、联锁系统应尽可能做到故障安全。大多数化工过程均要求信号报警和安全联锁系统采用故障（失效）安全的原则。所谓的故障（失效）安全是指系统或设备在特定的故障发生时转入预定义的安全状态的能力。一般来说，报警、联锁检测元件的最终执行在系统正常时应是励磁（带电）的，在系统非正常时应是非励磁（不带电）的。

(4) 中间环节最少原则

报警、联锁系统的中间环节应是最少的。原则上，一个系统的故障（失效）率是组成系统的各环节（如传感器、逻辑单元与最终执行元件）的故障（失效）率之和。组成系统的环节越少，系统的故障（失效）率越低，即系统的可靠性越高。增加环节就会带来不确定性，因而降低可靠性。因此，在信号报警、安全联锁系统中应慎重采用诸如信号隔离器、转换器、安全栅以及中间继电器等中间环节。

7.6.5 检测元件及线路的设计原则

(1) 检测元件

选择检测元件时应注意以下几点。

① 灵敏可靠，动作准确，不产生虚假信号。

② 故障检测元件必须单独设置，最好是安装在现场的直接检测开关，也可以用带输出接点的仪表，但重要的操作监视点不宜采用二次仪表的输出接点作为发信元件。

③ 故障检测元件的接点应采用常闭型的，即在工艺正常时接点闭合，越限时断开。

(2) 检测线路

检测线路应具有下述区别能力。

① 能区别仪表误动作和真正的工艺故障。对于重要的联锁系统，故障检测元件可双重化设置，也可选用二常开二常闭（DPDT）接点开关。对于重大设备和整套装置停车的联锁系统，则应采用"三取二检测系统"。

② 能区别正常的参数波动和事故性质的参数越限。生产中，允许短时的参数波动，为此可增加延时环节，以避免报警联锁过于频繁。只有在波动持续时间超过规定延时以后，才引起报警、联锁动作。

③ 能区别开停车过程中的参数越限和故障性质的参数越限。最简单的方法是设置解锁开关（手动投入和切除转换开关），在开、停车过程中解除报警或联锁。

7.6.6 逻辑单元的选型原则

由于继电线路的可靠性差,无触点逻辑插卡已经落后,所以一般不再采用。目前普遍选用的是 PLC、SIS 和 ESD 系统,在选型时应遵循下述原则。

通常,根据对事故触发的条件,可以将信号报警和联锁保护系统分为 A、B 两类。A 类的触发条件包括:可能导致危及生命安全的事故;可能产生严重伤害的事故;对环境有明显危害的事故;国家法律及工业标准要求加以防止的事故等。对这类信号,联锁保护系统宜采用独立设置的高可靠性的紧急联锁停车系统,即 ESD 系统(或 SIS 安全保护系统)。B 类的触发条件包括:可能导致生产损失的事故;可能引发设备损坏的事故;可能产生影响产品质量的事故等。对这类信号联锁保护系统,可采用 PLC 或在 DCS 中实现。

7.6.7 信号报警系统中不同灯光的含义

在信号报警系统中,往往以不同形式、不同颜色的灯光,如闪光、平光、红色灯光、黄色灯光、绿色灯光、乳白色灯光等,表示不同的含义,来帮助操作人员判断故障的性质。

① 闪光——容易引人注目,用来表示刚出现的故障或第一故障。
② 平光——表示"确认"以后继续存在的故障或第二故障。
③ 红色灯光——表示超限报警或危急状态。
④ 黄色灯光——表示低限报警或预告报警。
⑤ 绿色灯光——表示运转设备或工艺参数处于正常运行状态。
⑥ 乳白色灯光——表示报警系统的电源供应正常。

资料包

项目小结

本项目介绍了控制系统工程设计的基本知识,包括工程设计的基本任务、设计步骤、设计内容和方法,重点讲述了《过程测量与控制仪表的功能标志及图形符号》(HG/T 20505—2014)、控制方案的确定方法、工艺控制流程图的画法、仪表设备的选型原则、自控设备表填写方法、仪表盘正面布置图与盘后电气接线图的绘制以及信号报警与联锁保护系统设计原则与方法。

通过本项目的学习,应能看懂自控工程设计文件中的工艺控制流程图(管道仪表流程图)、自控设备表、仪表盘正面布置图、仪表盘背面电气接线图等基本设计文件,提高识图能力。掌握设计信号报警与联锁保护系统的重要性,具体要求如下所述。

① 根据各局部控制方案汇总、整理,画出带控制点的工艺流程图。
② 根据控制方案选用经济、可靠的各类仪表。
③ 根据工艺流程图和自控设备表绘出仪表盘正面布置图和仪表盘背面电气接线图。
④ 学习本项目时,要与检测仪表技术、过程仪表控制、自动控制原理等课程中的专业知识相结合。

思考与习题

7-1　控制系统工程设计的主要任务是什么？简述工程设计的基本步骤。
7-2　控制系统工程设计分几个阶段进行？主要设计内容有哪些？
7-3　编制仪表位号的设计标准有哪些？简述仪表位号的编制方法。
7-4　确定控制方案的要点是什么？
7-5　常规控制仪表的选择通常应考虑哪些因素？
7-6　控制阀的选型应考虑哪些因素？
7-7　仪表盘内部接线的表示方法有哪几种？各有什么特点？
7-8　什么是信号报警系统？
7-9　信号报警与联锁保护系统设计的基本要求是什么？
7-10　信号报警与联锁保护系统中检测元件及线路的设计原则是什么？
7-11　选择控制系统和信号报警与联锁系统的区别是什么？

项目7　参考答案

附录

综合练习题

一、选择题

1. 在自控系统中，确定调节器、控制阀、被控对象的正/反作用方向必须按步骤进行，其先后排列次序是（　　）。
   A. 调节器、控制阀、被控对象 B. 控制阀、被控对象、调节器
   C. 被控对象、调节器、控制阀 D. 被控对象、控制阀、调节器
2. 气动薄膜执行机构中，当信号压力增加时，推杆向上移动的是（　　）。
   A. 正作用执行机构 B. 反作用执行机构
   C. 正装阀 D. 反装阀
3. 关于前馈控制，下面说法不正确的是（　　）。
   A. 属于开环控制 B. 属于闭环控制
   C. 一种前馈只能克服一种干扰 D. 比反馈控制及时、有效
4. 均匀控制系统的目的是（　　）。
   A. 液位、流量都稳定在一定的数值 B. 保证液位或压力的稳定
   C. 保证流量的稳定 D. 液位、流量都在一定范围内缓慢波动
5. 在 PI 控制规律中，过渡过程振荡剧烈，可以适当（　　）。
   A. 减小比例度 B. 增大输入信号
   C. 增大积分时间 D. 增大开环增益
6. 为避免出现"气蚀""气缚"现象，离心泵工作时，控制阀一般不允许安装在其（　　）管道上。
   A. 旁路 B. 回流 C. 进口 D. 出口
7. 工艺人员打开与调节阀并联的截止阀，会使可调比、流量特性变（　　）。
   A. 大，好 B. 大，差 C. 小，好 D. 小，差
8. 在设备安全运行的工况下，能够满足气关式调节阀的是（　　）。
   A. 锅炉的燃料油控制系统 B. 锅炉汽包的给水调节系统
   C. 液体贮槽的出水流量控制系统 D. 锅炉炉膛进口引风压力调节系统
9. 压缩机入口调节阀应选（　　）。
   A. 气开型 B. 气关型 C. 两位式 D. 快开式
10. 关于阀门定位器作用，描述正确的是（　　）。

① 改变阀门流量特性　　　　　　　② 改变介质流动方向
③ 实现分程控制　　　　　　　　　④ 延长阀门使用寿命
A. ①③　　　　　B. ②③④　　　　　C. ①②　　　　　D. ③④

11. 生产过程自动化的核心是（　　）装置。
    A. 自动检测　　　B. 自动保护　　　C. 自动执行　　　D. 自动调节

12. 微分控制规律是根据（　　）进行控制的。
    A. 偏差的变化
    B. 偏差大小
    C. 偏差的变化速度
    D. 偏差及存在的时间

13. 对选择控制系统，下列说法不正确的是（　　）。
    A. 不同工况控制方案不同
    B. 不同工况控制手段不同
    C. 不同工况控制目的不同
    D. 选择器可在控制器与测量元件或变送器之间

14. 与简单控制系统相比，均匀控制系统的参数整定方法特点为（　　）。
    A. 过渡过程曲线为缓慢的非周期衰减
    B. 过渡过程曲线为等幅振荡
    C. 过渡过程曲线为 4∶1～10∶1 衰减过程
    D. 过渡过程曲线为接近 10∶1 的衰减过程

15. 在离心泵出口流量控制中，调节阀安装在检测元件（孔板）的下游是为了（　　）。
    A. 提高泵的效率
    B. 防止气蚀现象发生
    C. 减小压降
    D. 保证测量的精度

16. 串级控制系统的投运一般采用（　　）的方法。
    A. 先副后主
    B. 先主后副
    C. 主副同时进行
    D. 主、副分别按单回路

17. 在运行中的联锁保护系统维修时，原则错误的是（　　）。
    A. 需征得岗位操作人员的同意，并履行相应的会签手续
    B. 检查、维修联锁系统的主机和元件时，应有两人以上参加
    C. 必须切除联锁维修，事后及时通知操作人员并重新投入联锁
    D. 以上都不对

18. 调节阀的作用方向为"正"方向的是（　　）。
    A. 气开阀
    B. 气关阀
    C. 正作用执行机构
    D. 反作用执行机构

19. 为了提高调节品质，调节器的选型依据（　　）来选择。
    A. 调节器的规律
    B. 调节规律对调节质量的影响
    C. 调节器的结构形式
    D. 调节回路的组成

20. 控制系统中，（　　）是开环控制系统。
    A. 定值控制系统　　B. 随动控制系统　　C. 前馈控制系统　　D. 程序控制系统

21. 串级控制系统主、副对象的时间常数之比 $T_{01}/T_{02}=$（　　）时，主、副回路恰能发挥其优越性，确保系统高质量地运行。
    A. 3～10　　　　B. 2～8　　　　C. 1～4　　　　D. 1～2

22. 通常串级控制系统主调节器正反作用选择取决于（　　）。
    A. 调节阀　　　B. 副调节器　　　C. 副对象　　　D. 主对象

23. （　　）存在纯滞后，但不会影响调节品质。
    A. 调节通道　　B. 测量元件　　C. 变送器　　D. 干扰通道

24. 在比值控制系统中，当主、副流量波动较大时，适宜采用（　　）。
    A. 开环比值控制　　B. 单闭环比值控制　　C. 双闭环比值控制　　D. 变比值控制

25. 为实现软保护而设计的控制系统是（　　）。

A. 前馈控制　　　　　　B. 选择控制　　　　　　C. 分程控制　　　　　　D. 串级控制

26. 串级调节系统中，主变量是（　　）。
    A. 工艺控制指标　　　　B. 工艺随动指标　　　　C. 主干扰量　　　　　　D. 副干扰量

27. 串级调节系统可以用于改善（　　）时间较大的对象，有超前作用。
    A. 容量滞后　　　　　　B. 测量滞后　　　　　　C. 惯性滞后　　　　　　D. 纯滞后

28. 串级调节系统主控制器的输出作为副控制器的（　　）。
    A. 测量值　　　　　　　B. 给定值　　　　　　　C. 输出值　　　　　　　D. 偏差值

29. 串级调节系统利用主、副两个调节器串在一起来稳定（　　）。
    A. 主参数　　　　　　　B. 副参数　　　　　　　C. 主对象　　　　　　　D. 副对象

30. 生产工艺过程中主要控制工艺的指标，在串级调节系统中起主要作用的被调参数是（　　）。
    A. 主参数　　　　　　　B. 副参数　　　　　　　C. 主对象　　　　　　　D. 副对象

31. 在串级调节系统中影响主要参数的是（　　）。
    A. 主参数　　　　　　　B. 副参数　　　　　　　C. 主对象　　　　　　　D. 副对象

32. 生产过程中所要控制的，由主参数表征其主要特性的工艺生产设备是（　　）。
    A. 主调节器　　　　　　B. 副调节器　　　　　　C. 主对象　　　　　　　D. 副对象

33. 串级调节系统主回路是（　　）调节系统。
    A. 定值　　　　　　　　B. 随动　　　　　　　　C. 简单　　　　　　　　D. 复杂

34. 串级调节系统副回路是（　　）调节系统。
    A. 定值　　　　　　　　B. 随动　　　　　　　　C. 简单　　　　　　　　D. 复杂

35. 串级调节系统中，（　　）对进入其中的干扰有较强的克服能力。
    A. 主调节器　　　　　　B. 副调节器　　　　　　C. 主回路　　　　　　　D. 副回路

36. 串级调节系统中，由于（　　）存在，改善了对象的特性。
    A. 主回路　　　　　　　B. 副回路　　　　　　　C. 主调节器　　　　　　D. 副调节器

37. 串级调节系统在选择副参数时，要考虑把（　　）包含在副回路中。
    A. 主参数　　　　　　　　　　　　　　　　　　B. 副参数
    C. 主要干扰和尽可能多的干扰　　　　　　　　　D. 次要干扰和尽可能少的干扰

38. 串级调节系统中，（　　）的选择和简单控制系统中被控变量的选择原则是一样的。
    A. 主变量　　　　　　　B. 副变量　　　　　　　C. 主、副变量　　　　　D. 所有数据

39. 串级调节系统中，主、副对象的（　　）要适当匹配，否则当一个参数发生振荡时会引起另一个参数振荡。
    A. 滞后时间　　　　　　B. 过渡时间　　　　　　C. 放大倍数　　　　　　D. 时间常数

40. 串级调节系统的特点是使两个互相联系的变量的（　　）。
    A. 两个参数在允许的范围内缓慢变化　　　　　　B. 两个参数在允许的范围内快速变化
    C. 副参数在允许范围内变化平缓　　　　　　　　D. 主参数在允许的范围内变化平缓

41. 主调节器控制严格，副调节器要求不高允许有较大波动时，主、副调节器的调节规律应选（　　）。
    A. 主调节器 PI、副调节器 PI　　　　　　　　　B. 主调节器 PI 或 PID、副调节器 P
    C. 主调节器 PI、副调节器 P　　　　　　　　　　D. 主调节器 P、副调节器 PI

42. 串级调节系统中，主、副参数要求都较高时，主、副调节器的调节规律应选（　　）。
    A. 主调节器 PI、副调节器 PI　　　　　　　　　B. 主调节器 PI 或 PID、副调节器 P
    C. 主调节器 PI、副调节器 P　　　　　　　　　　D. 主调节器 P、副调节器 PI

43. 串级调节系统中，主、副参数要求都不高时，主、副调节器的调节规律应选（　　）。
    A. 主调节器 PI、副调节器 PI　　　　　　　　　B. 主调节器 PI 或 PID、副调节器 P
    C. 主调节器 P、副调节器 P　　　　　　　　　　D. 主调节器 P、副调节器 PI

44. 串级调节系统中,主、副调节器作用方式是按(　　)确定的。
   A. 先主后副
   B. 先副后主
   C. 主、副同时
   D. 主副分别按单回路方式
45. 串级调节系统中,主调节器的作用方式的选择与(　　)无关。
   A. 主对象
   B. 副调节器作用方式
   C. 调节阀
   D. 主测量装置
46. 微分作用是依据(　　)动作的。
   A. 偏差的大小
   B. 偏差是否存在
   C. 偏差的变化率
   D. 均有
47. 串级调节系统投用过程中,用副调节器手动遥控操作目的是使(　　)。
   A. 主参数接近给定值
   B. 副参数接近给定值
   C. 主参数稳定
   D. 副参数稳定
48. 有时串级调节系统先投用副回路,是因为副回路(　　)。
   A. 不重要
   B. 在主回路后
   C. 和调节阀有直接关系
   D. 包含主要干扰,反应快,滞后小
49. 串级调节系统中所谓两步整定法是(　　)整定调节参数的方法。
   A. 先副后主
   B. 先主后副
   C. 主副同时
   D. 只整定主参数
50. 串级调节系统中两步整定法是按(　　)整定调节器参数。
   A. 临界比例度法
   B. 衰减曲线法
   C. 反应曲线法
   D. 经验法
51. 串级调节系统中一步整定法是按(　　)整定调节器参数。
   A. 临界比例度法
   B. 衰减曲线法
   C. 反应曲线法
   D. 经验法
52. 对象的容量滞后较大,用单回路调节系统时的过渡过程时间长,此时可选择(　　)调节系统。
   A. 串级
   B. 比值
   C. 分程
   D. 选择
53. 串级调节系统能克服调节对象的纯滞后。在串级调节系统设计中,有纯滞后的对象应放在(　　)。
   A. 主回路
   B. 副回路
   C. 主副回路
   D. 其他回路
54. 精馏塔塔釜温度与蒸汽流量串级调节系统中,蒸汽流量一般选作(　　)。
   A. 主变量
   B. 副变量
   C. 主副变量均可
   D. 蒸汽流量不能作为塔釜温度控制的变量
55. 加热炉出口温度控制中,由于燃料气压力波动引起炉膛温度发生变化,进而影响到炉出口温度,在串级调节系统设计中,应将(　　)参数选作副变量。
   A. 炉出口温度
   B. 炉膛温度
   C. 燃料气压力
   D. 原料温度
56. 单纯的前馈调节是一种能对(　　)进行补偿的调节系统。
   A. 偏差
   B. 被调参数的变化
   C. 干扰量的变化
   D. 设定值的变化
57. 前馈控制比反馈控制的速度(　　)。
   A. 快
   B. 慢
   C. 一样
   D. 无法区分
58. 前馈控制中,扰动可以是不可控的,但必须是(　　)。
   A. 固定的
   B. 变化的
   C. 唯一的
   D. 可测量的
59. 前馈环节参数整定(　　)调节系统的稳定性。
   A. 影响
   B. 不影响
   C. 能降低
   D. 提高
60. 在扰动作用下,前馈控制在补偿过程中不考虑动态响应,扰动和校正之间与时间变量无关的前馈是(　　)。
   A. 静态前馈
   B. 动态前馈
   C. 前馈反馈
   D. 前馈串级
61. 在扰动作用下,前馈控制在补偿过程中要考虑对象两条通道的动态响应和时间因素的前馈是(　　)。

A. 静态前馈 B. 动态前馈 C. 前馈反馈 D. 前馈串级

62. 既发挥了前馈对主要干扰克服的及时性，又保持了反馈控制能克服多种干扰，保持被控变量稳定性的控制是（　　）。

　　A. 静态前馈 B. 动态前馈 C. 前馈反馈 D. 前馈串级

63. 实现前馈-反馈的方法是将前馈控制作用输出与反馈作用的输出（　　）。

　　A. 相加 B. 相乘 C. 相除 D. 相加或相乘

64. 蒸汽锅炉自动控制过程中的"冲量"是（　　）。

　　A. 引入系统的测量信号 B. 控制变量的信号
　　C. 调节变量的信号 D. 扰动量信号

65. 锅炉汽包水位、蒸汽流量（或压力）和给水流量的三冲量控制实质是（　　）。

　　A. 串级控制 B. 选择性控制 C. 前馈控制 D. 前馈-串级控制

66. 为实现软保护而设计的控制系统是（　　）。

　　A. 选择控制 B. 前馈控制 C. 分程控制 D. 串级控制

67. 属于极限控制范畴的是（　　）。

　　A. 前馈控制 B. 串级控制 C. 均匀控制 D. 选择控制

68. 闭环控制系统是根据（　　）信号进行控制的。

　　A. 被控量 B. 偏差 C. 扰动 D. 给定值

69. 选择控制是一种（　　）。

　　A. 随动控制 B. 联锁保护控制 C. 硬限安全控制 D. 软限安全控制

70. 选择性调节系统中，两个调节器的作用方式（　　）。

　　A. 可以是不同的 B. 必须是相同的 C. 均为正作用 D. 均为反作用

71. 选择控制系统产生积分饱和的原因是（　　）。

　　A. 积分时间选择不当 B. 其中一个控制器开环
　　C. 两个控制器均开环 D. 两个控制器均闭环

72. 对于选择性控制系统，下列说法不正确的是（　　）。

　　A. 选择控制系统是对生产过程进行安全软限控制
　　B. 在生产过程要发生危险时，选择控制系统可以采取联锁动作，使生产硬性停车
　　C. 选择控制系统可以有两个控制回路，其中一个控制回路工作，另一个控制回路处于开环状态
　　D. 选择控制系统用选择器进行控制

73. 关于物料比值 K 与控制系统仪表比值系数 K' 的概念和关系，下面说法错误的是（　　）。

　　A. 工艺要求的物料比值系数，是不同物料之间的体积流量或者质量流量之比
　　B. 比值器参数 K' 是仪表的比值系数
　　C. 流量与检测信号为线性关系时，K' 与 K 成正比
　　D. 流量与检测信号为非线性关系时，K' 与 K 成正比

74. 某生产工艺要求两种物料的流量比值维持在 0.4，已知 $Q_{1\max}=3200$kg/h，$Q_{2\max}=800$kg/h，流量采用孔板配压差变送器进行测量，并在变送器后加开方器。试分析采用何种控制方案最合理？（　　）。

　　A. 开环比值控制系统，$K'=0.4$ B. 单闭环比值控制系统，$K'=1.6$
　　C. 双闭环比值控制系统，$K'=1$ D. 变比值控制系统，$K'=4$

75. 单纯的前馈控制是一种能对（　　）进行补偿的控制系统。

　　A. 测量与设定值之间的偏差 B. 被控变量的变化
　　C. 干扰量的变化 D. 控制信号的变化

76. 离心泵的流量控制阀安装在泵的（　　）。

　　A. 出口 B. 入口 C. 出口或入口 D. 2米处

77. 定值控制系统是按（　　）进行控制的。
    A. 给定值与测量值的偏差 B. 干扰量的大小
    C. 被控变量的大小 D. 给定值的大小
78. 简单控制系统中，执行器的气开、气关形式由（　　）决定。
    A. 控制阀的开关形式 B. 被控对象的特性
    C. 控制阀的开关形式和被控对象的特性 D. 工艺要求确保生产安全
79. 均匀控制系统中，控制器的控制规律通常采用（　　）。
    A. P、PI B. P、PD C. P、PI、PID D. P、P
80. 锅炉液位的双冲量控制系统是（　　）。
    A. 串级控制系统 B. 均匀控制系统 C. 一开环加一闭环 D. 前馈控制系统
81. 控制器为DDZ-Ⅲ，使用气动控制阀实现分程控制，必须配置（　　）。
    A. 气动阀门定位器 B. 电气阀门定位器 C. 电气转换 D. A\D转换器
82. 由于微分规律有超前作用，因此控制器加入微分作用是（　　）。
    A. 克服控制对象的惯性滞后、容量滞后和纯滞后 B. 克服对象的纯滞后
    C. 克服控制对象的惯性滞后、容量滞后 D. 克服容量滞后
83. 控制系统中控制器的正、反作用的确定是依据（　　）。
    A. 实现闭环回路的正反馈 B. 实现闭环回路的负反馈
    C. 系统放大倍数恰到好处 D. 控制阀的开关形式
84. 串级控制系统由串级切换到主控时，在副控制器为（　　）时，主控制器的作用方式不变。
    A. 正作用 B. 反作用 C. 正作用或反作用 D. 无法确定
85. 比例控制作用输出与（　　）大小成比例。
    A. 偏差 B. 被控变量 C. 偏差存在的时间 D. 偏差的变化率
86. 分程控制系统的实质是（　　）系统。
    A. 开环 B. 开环+闭环 C. 简单控制 D. 双闭环控制
87. 下列不是单回路控制系统中控制器参数整定常用方法的是（　　）。
    A. 经验试凑法 B. 临界比例度法 C. 衰减曲线法 D. 一步整定法
88. 串级调节系统中，副调节器通常选用（　　）调节规律。
    A. PI B. PID C. PD D. P
89. 衡量控制准确性的质量指标是（　　）。
    A. 衰减比 B. 过渡过程时间 C. 最大偏差 D. 余差
90. 在合成纤维锦纶生产中，熟化罐的温度是一个重要的参数，其期望值是一已知的时间函数，则熟化罐的温度控制系统属于（　　）。
    A. 定值控制系统 B. 随动控制系统 C. 正反馈控制系统 D. 程序控制系统
91. 下列（　　）不是描述对象特性的参数。
    A. 放大系数 B. 时间常数 C. 过渡时间 D. 滞后时间
92. 关于均匀调节系统和常规调节系统的说法，正确的是（　　）。
    A. 结构特征不同 B. 控制目的不同
    C. 调节规律相同 D. 调节器参数整定相同
93. 当一个控制器的输出信号同时送给两个调节阀，这两个调节阀工作在不同的信号区间，则构成的控制系统为（　　）控制系统。
    A. 分程 B. 比值 C. 均匀 D. 串级
94. 前馈控制是一种（　　）控制，是按干扰大小进行补偿的控制，因此它的控制规律不是常规的PID规律，而是一个专用控制器。

A. 开环　　　　　　B. 闭环　　　　　　C. 双闭环　　　　　　D. 定值
95. 双闭环比值控制系统中，主流量控制系统是一个（　　）控制系统。
　　A. 随动　　　　　　B. 前馈　　　　　　C. 定值　　　　　　D. 变比值
96. 分程控制系统中控制器正反作用的选择依据是（　　）。
　　A. A 执行器　　　　　　　　　　　　　B. B 执行器
　　C. A 执行器或者 B 执行器中的一个　　　D. 安全原则
97. 过程控制系统由（　　）组成。
　　A. 传感器、变送器、执行器　　　　　　B. 控制器、检测装置、执行机构、调节阀门
　　C. 控制器、检测装置、执行器、被控对象　D. 控制器、检测装置、执行器
98. 被控变量选择应遵循的原则是（　　）。
　　A. 能代表工艺操作指标或能反映工艺操作状态　　B. 可测并有足够大的灵敏度
　　C. 独立可控　　　　　　　　　　　　　　　　　D. 尽量采用直接指标
99. 过渡过程品质指标中，余差表示（　　）。
　　A. 新稳态值与给定值之差　　　　　　B. 测量值与给定值之差
　　C. 调节参数与被调参数之差　　　　　D. 超调量与给定值之差
100. PID 调节器变为纯比例作用，则（　　）。
　　A. 积分时间置∞，微分时间置∞　　　B. 积分时间置 0，微分时间置∞
　　C. 积分时间置∞，微分时间置 0　　　D. 积分时间置 0，微分时间置 0
101. 在串级控制系统中，主、副控制器设定值的类型分别为（　　）。
　　A. 内设定，外设定　　B. 外设定，内设定　　C. 内设定，内设定　　D. 外设定，外设定
102. 单纯的前馈系统是一种能对（　　）进行补偿的控制系统。
　　A. 给定值与测量值之差　　　　　　B. 被控变量的变化
　　C. 干扰量的变化　　　　　　　　　D. 操纵量的变化

二、填空题

1. 锅炉控制系统主要包括（　　　　　　　　）、燃烧系统控制、过热蒸汽系统控制。
2. 精馏塔的控制要求，应该从（　　　　　　　　）、产品产量和能量消耗三个方面进行综合考虑。
3. 比值控制系统包括定比值控制和（　　　　　　　　）。
4. 对于气开式控制阀，当作用于阀上的压力信号从 0.02MPa 增加时，阀门开度逐渐增大，压力信号达到 0.1MPa 时，阀门处于（　　　　　）状态。
5. 工业上用以实现冷热两流体换热的设备称为（　　　　　　　　）。
6. 常见的反馈控制模式有比例控制、比例积分控制和（　　　　　　　　）三种。
7. 典型的过程控制系统由被控对象、（　　　　　　　　）、执行器和测量变送器组成。
8. 反馈控制是根据（　　　　　）进行调节的闭环控制。
9. 均匀控制是指（　　　　　　　　），而不是指控制系统结构。
10. 前馈控制是根据（　　　　　　　　）进行调节的开环控制。
11. 分程控制的目的一是为（　　　　　　　　），二是为满足特殊工艺需要。
12. 选择性控制一般是从（　　　　　　　　）的角度提出的。
13. "不变性"是指控制系统的（　　　　　　　　）不受扰动量变化的影响。
14. （　　　　　　　　）描述了输入变量与输出变量之间随时间而变化的动态关系式。
15. 在阶跃响应建模中需要测取阶跃响应，获得测试数据后，应进行（　　　　　　　　），剔除明显不合理的部分。
16. 当塔底液为主要产品时，精馏塔常常按（　　　　　　　　）质量指标控制。
17. 非线性增益补偿控制中，如果采用串级控制方式，将过程的主要非线性包含在（　　　　　　　　）中，

利用串级控制系统的鲁棒特性实现对象非线性的补偿。

18. 非线性增益补偿控制中，如果采用调节阀特性补偿，通过合理选择调节阀的（　　　　）实现广义对象增益的近似线性。

19. 在需要保持比值关系的两种物料中，必有一种物料处于主导地位，此物料称为（　　　　）。

20. 通常以保持两种或两种以上物料的流量为一定比例关系的系统，称为（　　　　）比值控制系统。

21. 实现两个或两个以上参数符合一定比例关系的控制系统，称为（　　　　）控制系统。

22. 当相对增益接近于1时，则表明其他通道对该通道的关联作用（　　　　）。

23. 用于描述多变量系统中各控制回路之间关联大小的是（　　　　）。

24. 当相对增益为0～0.5或者大于2.0时，则表明其他通道对该通道的关联作用（　　　　）。

25. 非线性增益补偿控制中，如果采用自适应控制器，根据控制系统的性能自动调整控制器的增益，以使系统的（　　　　）为近似线性。

26. 均匀控制中涉及两个指标，其中要求储罐的输出流量（　　　　）。

27. DDZ-Ⅲ型控制仪表，各单元之间的传输信号为（　　　　）。

28. 精馏塔的（　　　　）是进行自动控制系统设计的基础。

29. 过程控制系统的稳定性是指生产装置具有抑制（　　　　）、保持生产过程长期稳定运行的能力。

30. 工业生产对过程控制的要求可以归纳为安全性、经济性和（　　　　）三项基本要求。

31. 自衡过程包括单容过程、多容过程和（　　　　）过程。

32. 当输入发生变化时，无需外加任何控制作用，能够自发地趋于新的平衡状态，称为（　　　　）过程。

33. 从整个生产过程控制的角度来看，控制系统分三类：物料平衡控制系统、质量控制系统和（　　　　）。

34. 系统在稳态工况下被控变量与扰动无关，称为（　　　　）。

35. 比值控制系统中，在生产过程中起主导作用的物料流量一般为（　　　　）。

36. 为了简化控制系统的分析和设计，常把执行机构、（　　　　）和测量变送环节合并起来考虑，看作是一个广义对象。

37. 均匀控制中，在最大干扰时，液位仍在（　　　　）的上、下限间波动。

38. 设计比值控制系统时，首先要确定（　　　　）。

39. 按照某一（　　　　）自动修正流量比值的系统称为变比值系统。

40. 在控制流程图中，小圆圈代表某些自动化仪表，圆圈内第二位字母为C，其意义代表（　　　　）。

41. 动态数学模型描述了输出变量和输入变量之间随时间而变化的（　　　　）。

42. 过程控制问题的机理性建模建立在物料和（　　　　）的守恒关系上。

43. 纯比例控制器的一个缺点就是当设定值改变后总是存在一定的（　　　　）。

44. 积分作用的一个优点就是它能够消除（　　　　）。

45. 微分作用能减少过渡过程时间，从而改善被控变量（　　　　）的品质。

46. 在硝酸生产过程中，要求氨气量与空气保持一定的比例关系。在正常生产情况下，工艺指标规定氨气流量为2100m^3/h，空气流量为22000m^3/h。两个流量均采用孔板测量并配用开方器，氨气流量表的量程为0～3200m^3/h，空气流量表的量程为0～25000m^3/h，采用DDZ-Ⅲ型仪表组成系统时的仪表比值系数为（　　　　）。

三、判断题

1. 为了防止液体溢出，贮罐出水阀应选择气开式。（　　）

2. 当危险侧发生短路时，齐纳式安全栅中的电阻能起限能作用。（　　）

3. 智能手持通信器的两根通信线是没有极性的，正负可以随便接。（　　）

4. 当调节过程不稳定时，可增大积分时间或加大比例度使其稳定。（   ）
5. 在串级调节系统中，主回路是个定值调节系统，而副回路是个随动系统。（   ）
6. 仪表回路联校是指回路中所有仪表的联合调试。（   ）
7. 均匀调节系统的调节器参数整定与定值调节系统的整定要求不一样。（   ）
8. 比值控制系统实质上可认为是一个随动控制系统。（   ）
9. 在仪表控制图中，同一仪表或电气设备在不同类型的图纸上所用的图形符号可以不同。（   ）
10. 调节器正、反作用选择的目的是实现负反馈控制。（   ）
11. 所有比值控制都是为了实现两个工艺量的比值关系。（   ）
12. 离心式压缩机的振动称为喘振现象。（   ）
13. 控制阀的流量特性选择是为了补偿被控对象特性变化。（   ）
14. 工作接地是指为保证仪表精确度和可靠、安全地工作而设置的接地。（   ）
15. 我国关于污水排放标准的规定中，不同行业的污染物最高允许排放浓度相同。（   ）
16. 本质安全型仪表适用于所有爆炸危险场所。（   ）
17. 采用前馈-反馈调节的优点是利用前馈调节的及时性和反馈调节的静态准确性。（   ）
18. 分程调节主要应用于扩大调节阀的可调范围和系统放大倍数变化较大的对象。（   ）
19. 给定值由主调节器的输出所决定，并按副参数与副给定值的偏差而动作的调节器是副调节器。（   ）
20. 单纯前馈控制对干扰只有补偿作用，但对补偿的结果没有检验。（   ）
21. 前馈控制是根据偏差的大小进行控制的。（   ）
22. 前馈控制适用于：①对象的时间常数及纯滞很大或者特别小的场合；②干扰幅度大，频率高且是可测不可控的场合。（   ）
23. 前馈控制与反馈作用只能通过相加实现前馈-反馈方案。（   ）
24. 根据生产过程处于不正常情况下，取代调节器的输出信号为高值或为低值来确定选择器的类型。（   ）
25. 在选择控制系统中，比例度 δ 应整定得小一些，使取代控制方案投入工作时，取代调节器必须发出较强的控制信号，产生及时的自动保护作用。（   ）

四、简答题

1. 简述控制系统的组成，画出组成框图。
2. 什么是控制器参数的整定？常见的控制器参数整定方法有哪些？
3. 串级控制系统有何特点？
4. 简述反馈控制与前馈控制的优缺点。
5. 简述均匀控制与定值控制的区别。
6. 简述比值控制系统主、从动量的确定原则。
7. 前馈控制有何特点？
8. 什么是生产过程的软保护措施？如何实现？与硬保护措施相比，软保护措施有什么优点？
9. 何谓离心式压缩机的喘振？防喘振的意义是什么？
10. 简述串级控制系统副变量的选择原则。
11. 简述选择控制系统的特点。
12. 今有一进行放热化学反应的釜式反应器，由于该化学反应必须在一定的温度下才能进行，故反应初始阶段必须给反应器加热。待化学反应开始后，由于热效应较大，为了保证反应正常进行及安全起见，必须及时移走热量。根据以上要求，设计出控制系统如附图1，试确定控制阀的气开、气关方式及控制器的正反作用。

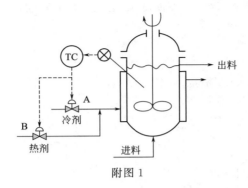

附图 1

13. 附图 2 为一换热器温度控制系统。试：
① 分析该系统中的被控对象、被控变量、操纵变量及出现的干扰。
② 画出系统的方块图。

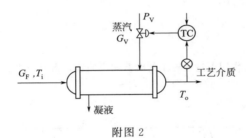

附图 2

14. 附图 3（a）所示为换热器系统的控制流程。工艺规定温度 T 为 (110 ± 4)℃，在最大阶跃干扰作用下的过渡过程曲线如附图 3（b）所示。
① 指出被控对象、被控变量；
② 画出系统方框图；
③ 确定系统的余差；
④ 确定控制阀的气开、气关形式；
⑤ 确定控制器的正、反作用。

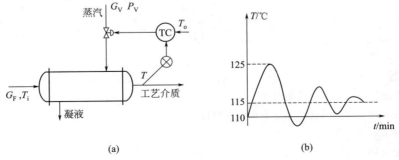

附图 3

15. 附图 4（a）所示为加热炉系统的控制流程。工艺规定温度 T 为 (110 ± 4)℃，在最大阶跃干扰作用下的过渡过程曲线如附图 4（b）所示。
① 指出被控对象、被控变量；
② 确定系统的余差；
③ 确定控制阀的气开、气关形式；
④ 确定控制器的正、反作用。

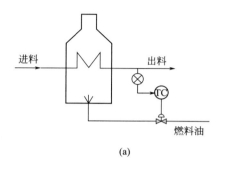
(a)

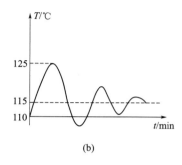
(b)

附图 4

16. 附图 5 所示为不同控制作用下过程输出的阶跃响应曲线，指出曲线 1、2、3 分别是 P、PI、PID 哪种控制作用？并说明原因。

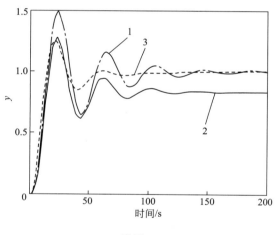

附图 5

五、设计题

1. 附图 6 所示为一加热炉工艺流程。
① 画出加热炉出口温度与燃料油压力串级控制流程图；
② 画出控制系统方块图；
③ 确定控制阀的气开、气关形式；
④ 确定主调节器和副调节器的正反作用。

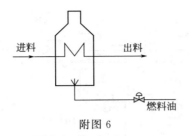

附图 6

2. 附图 7 是两流量输入系统，输入原料 30%NaOH 物料流量为 100kg/h，H_2O 物料流量为 200kg/h，$Q_{1max}=300$kg/h，$Q_{2max}=200$kg/h。

① 确定图中主流量和副流量；
② 试求出工艺流量比值和仪表的比值系数；
③ 设计单闭环比值控制系统（画出控制流程图）。

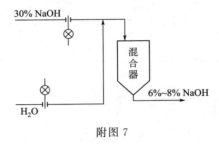

附图 7

3. 附图 8 所示为锅炉出口蒸汽压力控制系统，设计防止"脱火"的控制方案。

① 试确定调节阀气开、气关方式；
② 确定选择器的方式（SH，SL）；
③ 确定两个调节器的正反作用；
④ 说明其工作过程。

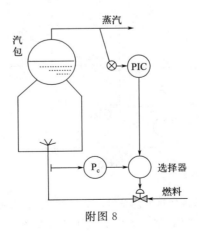

附图 8

4. 附图 9 所示为液氨换热器控制系统，设计防止"液位超限"的控制方案。试确定调节阀气开、气关方式，确定选择器的方式及两个调节器的正反作用，说明其工作过程。

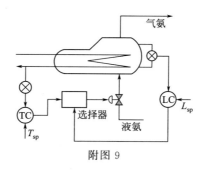

附图 9

5. 附图 10 所示为一典型精馏塔的流程图，试设计一个按精馏段质量指标的精馏塔控制方案。（画在题图上，此题答案不唯一。）

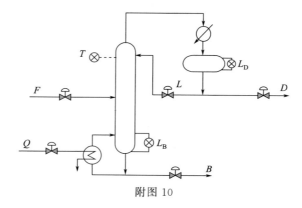

附图 10

6. 附图 11 所示为一典型精馏塔的流程图，试设计一个按提馏段质量指标的精馏塔控制方案。（画在题图上，此题答案不唯一。）

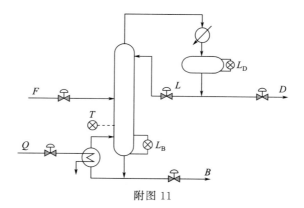

附图 11

7. 附图 12 所示的换热器采用蒸汽加热工艺介质，要求介质出口温度达到规定的控制指标。试分析下列情况下应选择哪一种控制方案，并画出带控制点的流程图与方块图。

① 介质流量 G_F 与蒸汽阀前压力 p_V 均比较稳定；

② 介质流量 G_F 比较稳定，但压力 p_V 波动较大。

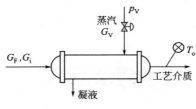

附图 12

综合练习题
（部分答案）

参考文献

[1] 高志宏. 过程控制与自动化仪表[M]. 杭州：浙江大学出版社，2006.
[2] 刘巨良. 过程控制仪表[M]. 3版. 北京：化学工业出版社，2014.
[3] 齐卫红. 过程控制系统[M]. 北京：电子工业出版社，2011.
[4] 于辉. 过程控制原理与工程[M]. 北京：机械工业出版社，2010.
[5] 中国石油化工集团公司,石油天然气集团公司. 仪表维修工[M]. 北京：中国石化出版社，2009.
[6] 刘玉梅. 过程控制技术[M]. 2版. 北京：化学工业出版社，2009.
[7] 王骥程，祝和云. 化工过程控制工程[M]. 北京：化学工业出版社，2002.
[8] 郑明方，杨长春，江小玲，等. 石油化工仪表及自动化[M]. 2版. 北京：中国石化出版社，2014.
[9] 厉玉鸣. 化工仪表及自动化[M]. 6版. 北京：化学工业出版社，2019.
[10] 孙洪程. 过程控制系统及工程[M]. 4版. 北京：化学工业出版社，2021.
[11] 胡邦南. 过程控制技术[M]. 北京：科学出版社，2018.